デジタル情報の
活用と技術

Application and Technology of Digital Information

毒島　雄二
小林　貴之
田中　絵里子
著

共立出版

はじめに

　コンピュータを取り巻く状況は，コンピュータの性能の急速な向上とコンピュータをつなぐネットワークとしてのインターネットなど通信環境の整備に伴って，劇的な変化を遂げています。したがって，本書の目的は，学生が大学における講義の受講や専門分野の研究を進展させる際の道具としてのコンピュータを利用するための基本的な知識と技能を習得してもらうことです。

　2015年12月にフランス・パリで気候変動枠組み条約第21回締約国会議，COP21（Conference of the Parties 21）が開催されました。COP21は地球規模の気候変動に国際社会が協調して対応するための会議です。この気候変動のうち，特に地球温暖化が人類共通の大きな問題となっていることはよく知られています。温暖化とは気温が段々と上昇していくことですが，この気温の測定値は「データ」と呼ばれます。気温は日本では摂氏（℃）で表されるのが一般的ですが，米国では日常的に華氏（°F）で表します。例えば，猛暑日の基準である35℃は，華氏では95°Fと表記されます。どちらの単位で表記しても，気温としての真の値は同一で，表記単位が異なっているだけであることに注意してください。このある地点の気温データを1年間毎日集計し，前年測定値と比較するにはデータを継続的に収集し，「情報」として取り扱うことが必要になります。さらに，世界各地の気温情報を比較したり何十年間のデータを比較したりすることにより，地球温暖化が生じていると判断する「知識」となります。

　一方，最近はコンピュータやネットワークの処理能力が飛躍的に向上したことを利用して，ビッグデータと呼ばれるデータ解析が脚光を浴びています。例えば，鉄道の改札をSuicaなどで通過した際のデータから人の移動情報を得たり，さらに携帯電話の位置情報と契約時などに入手した性別・年齢情報とを融合することにより，マーケティングや防災対策への利用が始まっています。これは企業だけではなく，個人でもカーナビゲーションシステムで自動車の交通量や道路工事などの交通規制の情報を一元化したVICS（Vehicle Information and Communication System）を利用し，最短時間で目的地へ到着するようアシストするシステムも存在します。

　現代社会は，テレビ・ラジオ・衛星放送といったマスメディアや新聞・雑誌などの出版物，そしてインターネット上のメールやWWWなど，数え切れないほどの「情報」が世界中を駆けめぐっています。これらの情報は時に速報性が評価の対象になり，正確ではない情報，いわゆる「ガセネタ」と呼ばれるものも混ざっている玉石混合の状態であることに充分注意する必

はじめに

要があります。特にインターネット上の情報にはその傾向が顕著です。これに対して「知識」とは，少なくとも現時点で普遍性が認められています。本当の真理であるかを我々自身で判断できない場合もありますが，少なくとも世の中の大多数の人々が正しいと信じている内容が知識として認められるのです。現代社会の数多くの情報の中から本当に自分に必要で正しい情報を見つけ出し，自分の「知識」として蓄えていくことが重要です。そして自分のもっている知識を「知恵」に育てていくことが必要でしょう。

また，最近では簡単に自分の意見や作品をネットワーク上で表現することが可能です。ただし，著作権やコンプライアンスなどに充分注意する必要があり，場合によっては意図せず裁判に巻き込まれる可能性もあります。コンピュータやスマートフォンなどの情報機器とインターネットなどのネットワークは，これからの人生で強力な武器になり得るものです。この武器を正しく取り扱える手助けに，このテキストがなれば幸いです。

● 本書の対象とする読者

本書は，高等学校で情報科の授業を履修した大学新入生，あるいはそれと同等の知識と技術をもつ方を対象とします。大学に入学した学生の多くは，高等学校で情報科の授業を履修した経験をもっています。しかし，ここ数年，実際に大学の新入生に対するリテラシーの授業を担当してみると，基本的な事柄については多くの学生が習得済みであるはずですが，知識や技術の内容や習熟度に偏りがあるように感じられます。

コンピュータの基本的知識や技能をより実践的に習得し，活用していくための手引きとして本書を利用していただければと思います。

● 本書の内容概括

本書は，第1章「コンピュータの基礎知識」から始まり，第2章「Windows 入門」，第3章「インターネットとWWW」，第4章「電子メール」，第5章「情報セキュリティとコンプライアンス」，第6章「情報の編集」，第7章「情報の分析」，第8章「情報の提示と発信」から構成されています。

● 本書の利用法

基本的には章の順番通り学習することを推奨します。章ごとに完結させていますので，受講者の習熟度にあわせて個別の章から学習を始めることもできます。各章は3節から4節程度で構成されており，1つの章を大学の1コマ90 分授業に換算して2 回分程度でまかなえるように心がけました。随所に確認問題や課題を配置していますが，参考として扱っていただき，不足分については適宜補っていただければと思います。

はじめに

● **注意事項**

本書作成時の環境と表記については以下のとおりとなっています。

OS	…………………	Microsoft Windows 10 Enterprise
アプリケーションソフト	……	Microsoft Office Professional Plus 2016, Internet Explorer 11
PC	…………………	デスクトップPCおよびキーボード, マウス

Windows および Office について, 今後のバージョンアップなどにより機能の追加, 変更の結果, 本書記載の内容と差異が生じる可能性があります。また, Office については Windows 版デスクトップアプリにおいて動作確認をしました。Macintosh 版や Office Mobile, Office Online とは異なることがあります。あらかじめご了承ください。

なお, 文中特に記載がない場合は, 下記のとおり省略しました。

Microsoft Windows 10 Enterprise Edition ⟶ Windows
Microsoft Office Professional Plus 2016 ⟶ Office 2016, Office
Microsoft Office Word 2016 ⟶ Word
Microsoft Office Excel 2016 ⟶ Excel
Microsoft Office PowerPoint 2016 ⟶ PowerPoint
Microsoft Office Outlook 2016 ⟶ Outlook
Internet Explorer 11 ⟶ Internet Explorer, IE

Microsoft, Word, Excel, PowerPoint, Internet Explorer, Windows は, 米国 Microsoft Corporation の米国およびその他の国における登録商標です。

その他, 本書に記載されている会社名および製品名は, 各社の登録商標または商標です。

なお, 本文中では TM および ® は省略してあります。

● **謝辞**

共立出版株式会社編集制作部の吉村修司氏には企画の段階および編集校正でお世話になりました。また, 執筆者前著『初心者のためのコンピュータリテラシー』,『これからの情報リテラシー』,『基礎からのコンピュータ・情報リテラシー』と同様, 紙面の基本的構成に関するヒントや表紙を手掛けてくれた岡田明子女史および今回も本書の内容をより一層引き立ててくれるグラフィックデザインの提供と DTP 作業を請け負ってくれた祝竜平氏に感謝いたします。

2017年3月

著者一同

目次

1章 コンピュータの基礎知識　　1

1-1 コンピュータの基礎　　2
- 1-1-1 コンピュータの歴史 …… 2
- 1-1-2 ソフトウェアとハードウェア …… 3
- 1-1-3 コンピュータの5大要素 …… 4
- 1-1-4 スマートフォンとタブレット …… 5

1-2 データの表し方　　6
- 1-2-1 デジタルとアナログ …… 6
- 1-2-2 コンピュータ上でのデータの表し方 …… 6
- 確認問題 …… 9

1-3 コンピュータネットワーク　　9

2章 Windows入門　　11

2-1 Windowsの基礎　　12
- 2-1-1 OSとは …… 12
- 2-1-2 OSの起動から終了まで …… 12
- 2-1-3 マウス …… 15
- 2-1-4 ファイルとフォルダー …… 16
- 2-1-5 Microsoftアカウントと OneDrive …… 19

2-2 日本語入力とアプリケーション　　20
- 2-2-1 キーボード …… 20
- 2-2-2 タイピング …… 22
- 2-2-3 日本語入力の基礎 …… 23
- 2-2-4 アプリケーションプログラムの起動から終了まで …… 28
- 2-2-5 メディアの取り扱い …… 29
- 2-2-6 メンテナンス …… 29

2-3 Office の基礎 32

- 2-3-1 Office とは ……………………………………… 32
- 2-3-2 リボンとアイコン ………………………………… 32
- 2-3-3 ファイルの保存と保護 …………………………… 33
- 2-3-4 ファイルの印刷 …………………………………… 35
- 2-3-5 ヘルプの利用 ……………………………………… 36
- 2-3-6 文字列（データ）の移動とコピー ……………… 37
- 2-3-7 取り消しと繰り返し ……………………………… 38
- 2-3-8 検索と置き換え …………………………………… 38

3章 インターネットとWWW 39

3-1 インターネットの基礎 40

- 3-1-1 インターネットの歴史 …………………………… 40
- 3-1-2 国内インターネットの歴史 ……………………… 41

3-2 WWW の基礎 41

- 3-2-1 WWW とは ………………………………………… 41
- 3-2-2 Web ブラウザの起動と終了 …………………… 42
- 3-2-3 Web ブラウザの概要 …………………………… 44

3-3 情報検索の基礎 48

- 3-3-1 サーチエンジンとは ……………………………… 48
- 3-3-2 サーチエンジンの種類と特徴 …………………… 48
- 3-3-3 検索の種類と方法 ………………………………… 49
- 3-3-4 Google における全文検索とオプションの設定 …… 49

課題 52

4章 電子メール 53

4-1 電子メールの基礎 54

- 4-1-1 電子メールとは …………………………………… 54
- 4-1-2 Outlook の主な機能 …………………………… 54
- 4-1-3 Outlook の初期設定 …………………………… 55
- 4-1-4 Outlook の基本画面 …………………………… 59

4-2 電子メールの設定 60

- 4-2-1 電子メールの形式 ………………………………… 60
- 4-2-2 署名の設定 ………………………………………… 60
- 4-2-3 迷惑メール対策 …………………………………… 62

	4-2-4　非表示画像の表示	64
	4-2-5　メールの自動送受信と誤送信対策	64

4-3　電子メールの利用　　66

- 4-3-1　メールの作成と送受信　　66
- 4-3-2　添付ファイルの利用　　68
- 4-3-3　連絡先との連携　　70

課題　　74

5章　情報セキュリティとコンプライアンス　　75

5-1　コンピュータセキュリティ　　76

- 5-1-1　コンピュータウイルス　　76
- 5-1-2　なりすまし　　76
- 5-1-3　フィッシング　　78
- 5-1-4　迷惑メール（SPAM）　　78
- 5-1-5　不正（架空）請求　　79
- 5-1-6　DoS攻撃とボットネット　　80
- 5-1-7　スパイウェアとアドウェア　　80
- 5-1-8　ユーザーIDとパスワード　　81

5-2　コンプライアンス（法令遵守）　　82

- 5-2-1　著作権　　83
- 5-2-2　ネットワーク犯罪　　85
- 5-2-3　被害に遭ったときの自衛手段　　88

6章　情報の編集　　89

6-1　ワープロソフトの基礎　　90

- 6-1-1　ワープロソフトとは　　90
- 6-1-2　Wordの主な機能　　90
- 6-1-3　基本操作　　90

6-2　文書の書式設定　　93

- 6-2-1　文字書式の設定　　93
- 6-2-2　段落書式の設定　　95
- 6-2-3　ページ設定　　97
- 6-2-4　ヘッダーとフッター　　98

確認問題 6-1　　99

6-3 オブジェクトの挿入　　101

- 6-3-1　表と罫線の作成 …………………………………… 101
- 6-3-2　画像と図形の挿入 ………………………………… 104
- 6-3-3　脚注と図表番号の設定 …………………………… 106
- 6-3-4　スタイルの活用 …………………………………… 107
- 確認問題 6-2 ……………………………………………… 109

6-4 ビジネス文書の作成　　111

- 6-4-1　テンプレートの活用 ……………………………… 111
- 6-4-2　オートコレクトと入力オートフォーマット …… 112
- 6-4-3　ハイパーリンクの設定 …………………………… 115
- 6-4-4　透かし ……………………………………………… 115
- 確認問題 6-3 ……………………………………………… 117

課題　　118

7章　情報の分析　　121

7-1 表計算ソフトの基礎　　122

- 7-1-1　表計算ソフトの歴史 ……………………………… 122
- 7-1-2　表計算の基本概念 ………………………………… 122
- 7-1-3　Excel の主な機能 ………………………………… 123
- 7-1-4　Excel の基本画面 ………………………………… 124

7-2 データシートの作成　　125

- 7-2-1　セルへのデータ入力 ……………………………… 125
- 7-2-2　データの移動とコピー …………………………… 127
- 7-2-3　セル書式 …………………………………………… 127
- 確認問題 7-1 ……………………………………………… 131

7-3 関数の利用　　132

- 7-3-1　関数の使い方 ……………………………………… 132
- 7-3-2　主な関数 …………………………………………… 133
- 確認問題 7-2 ……………………………………………… 135
- 確認問題 7-3 ……………………………………………… 135

7-4 グラフの作成　　136

- 7-4-1　グラフの種類 ……………………………………… 136
- 7-4-2　グラフの作成 ……………………………………… 136

	7-4-3　グラフ要素の追加と変更	137
	確認問題 7-4	139
課題		**140**

8章　情報の提示と発信　　　　145

8-1　プレゼンテーションの基礎　　146

8-1-1　プレゼンテーションとは何か　　146
8-1-2　PowerPoint の主な機能　　146
8-1-3　PowerPoint の基本画面　　147

8-2　スライドの作成　　148

8-2-1　スライドの追加と編集　　148
8-2-2　テキストの入力と編集　　150
8-2-3　デザインの設定　　151
8-2-4　ヘッダーとフッター　　154
確認問題 8-1　　154

8-3　プレゼンテーションの図解化　　156

8-3-1　表，画像，図形の活用　　157
8-3-2　画像の編集　　158
8-3-3　SmartArt の活用　　160
確認問題 8-2　　162

8-4　アニメーションの設定　　164

8-4-1　スライド画面の切り替え　　164
8-4-2　オブジェクトのアニメーション　　165
確認問題 8-3　　165

8-5　スライドショーの設定と実行　　165

8-5-1　スライドショーの設定　　166
8-5-2　スライドショーの実行　　166
8-5-3　発表資料の作成と印刷　　169
確認問題 8-4　　170

課題　　**171**

索引　　173

1章
コンピュータの基礎知識

この章ではコンピュータを利用する際の基礎的な事項について学びます。

1章 コンピュータの基礎知識

1-1 コンピュータの基礎

1-1-1 コンピュータの歴史

　まず，最初に「コンピュータ」について定義します。実は世界で最初のコンピュータには諸説があり，裁判にまでなっている特許（ENIAC 裁判）もあります。本書では 1995 年に共立出版から刊行された星野力氏の『誰がどうやってコンピュータを創ったのか？』で定義されている「コンピュータとは電子式の計算機でありかつプログラム可変内蔵方式」として話を進めていきます。したがって，電卓のように可変的なプログラムを内蔵できないものはコンピュータとは考えませんが，ソニーのプレイステーションのようにディスクを交換すれば，異なるゲームができ，また入力によって異なる出力（結果）が得られる型式，これはプログラム可変内蔵方式ですのでコンピュータとみなすことになります。

　コンピュータを単に計算の道具と仮定するなら，最古のコンピュータは多分人間の指か，算盤になるでしょう。10 本の指から 10 進法ができたと考えられています。「電子」計算機の前には当然，「機械式」計算機というものが存在していました。機械式計算機で代表的なものは計算尺やタイガー計算機と呼ばれるもので，ハンドルを回す計算機が広く普及していました。最初の機械式計算機は現在，コンピュータ言語の名前にもなっているパスカル（Pascal）の歯車式計算機だと考えられています。これは足し算と引き算の計算ができるものでした。最初に四則演算ができた機械式計算機はドイツ人のシッカート（W.Schickard）が製作したとされています。この基本原理は先程のタイガー計算機とほぼ同じものです。

　計算機から話がずれますが，日本では 5 年に一度国勢調査が行われます。いまではどこに人がどのくらい住んでいるかとか，小学校入学予定者は何人であるかは，すぐに市役所などで知ることができますが，このような基本的な情報は，当初は当然なにもなく国勢調査の必要性がありました。移民の国であるアメリカ合衆国で 1880 年に国勢調査が行われた際の結果集計には 7 年半もの歳月が掛かったという記録があります。このような情報は鮮度が落ちれば，その価値も当然下がってしまいます。したがってアメリカ合衆国政府は，もっと短時間で集計が終わるシステムを公募することにしました。この公募に対して 3 人の応募がありその中からハーマン・ホレリス（Harman Hollerith）の提案が採用されました。彼は当時国勢調査を担当していた統計局の技師であり，彼の提案は切符に穴を開ける検札からヒントを得たと記しています。このシステムは PCS（Punch Card System）と呼ばれ，カード中の該当する回答部分に穴を開けておき，これを機械に読み込ませる仕組みを考え出しました。この機械を利用することにより，1890 年の国勢調査の集計はわずか 6 週間で終了し，そのアイデアの有効性が証明されました。この PCS はその後国外にも輸出され，この利益と賞金からハーマン・ホレリスは Tabulating Machine Company という会社を設立しました。この会社は他のいくつかの会社とともに 1924 年に International Business Machines Corporation になりました。これが現在のコンピュータで有名な IBM です。

さて，最初に実用化された電子式計算機（本章の定義ではコンピュータではないのですが）としてよく知られているものはアメリカ合衆国の陸軍研究所で1943年に計画され1946年に完成したENIACと呼ばれた弾道計算用計算機があります。この計算機は真空管18,000本にIBMのカード穿孔機と読み取り機などから構成された約30トンもの重さがあるシステムでした。しかし，真空管の発熱や寿命から来るメンテナンスの必要性をかかえていました。またこのシステムは与えられた問題ごとに電気的な配線を変更する必要があり，問題が変わるごとの配線のやり直しが大きな手間となりました。一方，1944年にはフォン・ノイマン（John von Neumann）らがプログラム内蔵型と呼ばれる，現在のコンピュータと同様な仕組みを用いる計算機を計画しました。この計画は1950年にはEDVACとして完成しましたが，イギリスではそれよりも早く理論的な試作機としてBabyMark 1が1948年に，さらに1949年にEDSACが実用コンピュータとして稼働していました。このように現在とほぼ同様な構成のコンピュータができてから半世紀程しかたっていませんが，トランジスタから始まる半導体技術の発達とともにドッグイヤーと呼ばれる速さで様々な技術革新が進んでいます。コンピュータをブラックボックスとして利用するのではなく，その内部動作の基礎やコンピュータ用語を知っておけば，この技術革新についていけることでしょう。

1-1-2　ソフトウェアとハードウェア

コンピュータは目で判別できるハードウェアと呼ばれる物理的な機器と，そのハードウェアを動作させるためのソフトウェアから構成されています。例えば，スマートフォンを考えてみます。ハードウェアとしては電話として使用するときに必要なスピーカとマイク，ネットワークに接続するためのアンテナ，そしてデータを表示する液晶タッチパネルなどから構成されています。ソフトウェアは電源を入れて最初に表示されるiOSやAndroidなどのOSや自分が入手したアプリケーションプログラムなどが相当します。

◎ソフトウェア

ソフトウェアはOSとアプリケーションプログラム（アプリケーションソフトウェアまたはアプリともいわれます）に大別されます。OSはコンピュータの最も基本的で重要なもので必ず必要です。ハードウェアの電源を入れると最初に読み込まれて動き始めます。一般的なコンピュータで現在最も利用されているのはマイクロソフト社のWindows7, 8.1, 10でしょう。このほかにもApple社のmacOSやLinuxが一般的です。タブレットやスマートフォンではWindows以外にiOSやAndroidが利用されています。これらOSはハードウェアの能力を発揮させるとともにアプリケーションプログラムを管理します。アプリケーションプログラムは動作させるOS用に作成されます。このためiOS用のアプリをそのままWindows上で動作させることはできません。Windows用にアプリを修正したり，エミュレーションソフトと呼ばれるiOSの動作をまねるソフトウェアを導入したりしないと動作しません。したがって，アプリケーションプログラムを入手，インストールする際は

1章 コンピュータの基礎知識

動作 OS を確認する必要があります。

　アプリケーションプログラムを自分で作成することもできますが，そのためにはプログラミング言語を学習し，プログラムの開発環境を構築する必要があります。プログラミング言語には C や FORTRAN などが知られています。

1-1-3 コンピュータの5大要素

　コンピュータには5大要素と呼ばれる5つの機構が必ず備わっています。初期のコンピュータは数値データの計算や様々なデータを蓄積し利用するデータベースが主な利用方法でした。現在はオフィス作業に必須のワープロソフト，表計算ソフトやプレゼンテーションソフトからゲームなどの娯楽から動画視聴，そして SNS や電子メールなどのコミュニケーション手段など様々に利用されています。このように多種多様な用途に利用されているコンピュータも5大要素を必ず含んでいます。**図1-1** に5大要素を示します。通常各種の処理は左から右に進んでいきます。

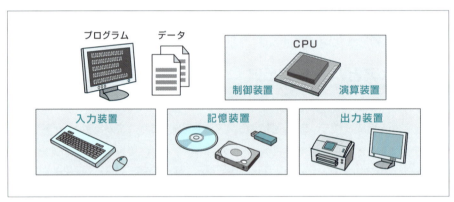

図 1-1　コンピュータの5大要素

◎入力装置

　まず，最初は入力装置です。コンピュータに様々な指示やデータを与えるために必要なものです。入力装置の代表的なものはキーボードです。また，マウスやタッチパネル，そしてカメラや音声入力装置などがあります。これら以外にもマークシートを読み取る OCR, OMR, IC リーダ，バーコードリーダやスキャナなどがあります。

◎記憶装置

　記憶装置は内部記憶装置と外部記憶装置に分けられます。内部記憶装置はコンピュータ機器内部にあり，通常電源が入っている間だけデータを記憶しています。代表的な記憶装置は RAM と呼ばれ，コンピュータのカタログにも記載されています。この容量が大きいほど一度に取り扱えるデータが大きくなります。RAM を交換することは可能ですが，コンピュータによって取り扱える容量や速度が異なります。

　外部記憶装置は電源がなくてもデータは消えませんが，内部記憶装置と比較してデータ転送速度

が遅くなっています。代表的な外部記憶装置にはハードディスク，USB メモリー，SD メモリーカード，DVD などがあります。

　ハードディスクは外部記憶装置の中でも大きな容量をもっています。コンピュータに内蔵するタイプと持ち運びが可能なポータブルタイプがあります。USB メモリーや SD メモリーカードは小さく持ち運びに便利ですが盗難や紛失のおそれがあり，データの暗号化などを実行してデータ流失に注意する必要があります。DVD は記録が一度しかできない形式や何回でも読み書きできる形式があり，それぞれの形式に対応した記録メディアと記録装置が必要になりますので注意してください。

◎演算・制御装置

　演算装置と制御装置はほとんどの場合，一体化しており CPU と呼ばれます。演算とはデータの計算を行うことで，数値計算からデータの圧縮や変換なども行います。最近の CPU は 1 つのパッケージの中に複数の CPU を組み込み，処理速度の向上を図っています。この複数の CPU をコアと呼び，仮想化や並列処理を行うことが可能となっています。CPU の性能は処理速度に関係する動作周波数とコア数で区別されます。

◎出力装置

　出力装置はコンピュータ内部の処理結果を我々に示す装置です。最も一般的なものは液晶モニターなどの画面です。画面もノートパソコンやタブレット PC からヘッドマウント型など様々な形式があります。その他にもプリンターによる印字や 3D 出力，およびスピーカなどの音楽出力装置などもあります。

1-1-4　スマートフォンとタブレット

　無線技術の発達により日本では 1985 年ごろから携帯電話が登場し，場所を問わず通話が可能になりました。その後インターネットの普及と通信機器の発達によりインターネットへの接続も場所を問わずにできるようになってきました。最近では当初の通話機能に特化した携帯電話をフィーチャーフォンと呼び，インターネットから情報を得たり GPS 機能や動画撮影機能などをもつ多機能携帯電話をスマートフォンと呼ぶのが一般的になってきました。

　スマートフォンはコンピュータの 5 大要素をもつ，小さなコンピュータです。コンピュータですからアプリケーションプログラムをインストールして必要な作業をすることができます。またウイルスに感染することもあるため，ウイルス対策ソフトやデータのバックアップも考える必要があります。

　タブレットはスマートフォンより画面が大きく，ノートパソコンより画面が小さいものが一般的です。屋外で地図，電子書籍や動画を見るのに適した持ち運びに便利なコンピュータと考えればよいでしょう。

　スマートフォンもタブレットも簡単に持ち運びできるため紛失に十分注意する必要があります。紛失して他人にデータを悪用されないようにパスワードロックをかけたり，暗号化したりすることも必

1章 コンピュータの基礎知識

要でしょう。またGPS機能との連動から写真を撮影した場所や移動状況が他人に知られる場合もあります。連絡先やSNSの情報から自分のデータだけではなく、知人のデータが流失する可能性があることを覚えておきましょう。

1-2 データの表し方

1-2-1 デジタルとアナログ

　データの表し方の種類として、決まった値を示すデジタルデータと、連続した値を示すアナログデータに区分されます。よく例えられる時計では、デジタル時計のストップウォッチ精度は表示される桁ですが、アナログ時計では通常目盛の1/10の値まで読み取り、最終桁には誤差が含まれるものとして取り扱います。またデジタル温度計もデジタル時計と同様に表示桁は固定されています。一方、長さを測る一般的な定規は、アナログ時計と同様に目盛の1/10の値まで読み取りますのでアナログデータと考えられます。これに対して、デジタルデータとは連続ではなく限られた桁数の数字で表すもので、中間の値が存在しないデータを示します。他にもレコードのアナログ音楽データとCDのデジタル音楽データもよく例として用いられます。

　アナログデータをデジタルデータに変換するにはADC（Analog Digital Convertor）と呼ばれる半導体素子を用います。アナログ音楽データの音をデジタル化する場合を考えてみましょう。アナログ音楽をデジタル音楽に変換する時間間隔をサンプリング周波数と呼び、音の大きさを何段階で表すかを量子化ビット数と呼びます。一般的なCDの場合、1秒間に44,100回、65,536段階でデジタルデータへ変換します。1秒間に44,100回は周波数の単位を用いて44.1kHzと表記します。また65,536はべき乗で表記すると2^{16}となります。

　ここでサンプリング間隔を短くし、量子化ビット数を大きくすれば、元のアナログデータの特徴を失わずにデジタル化することが可能ですが、処理時間や必要な記録媒体の容量制限などから通常のCDでは上記の方法が用いられています。最近ではハイレゾ音源が出てきていますが、これはサンプリング周波数を96kHzや192kHzに増やし、量子化ビット数も2^{24}とし、よりアナログデータに忠実なデジタルデータを用いたものです。

　最後にアナログデータとデジタルデータの特徴ですが、データのコピーについて考えるとアナログデータはコピーによりデータが劣化します。これは昔のビデオテープや書類のコピー機によるコピーを見れば一目瞭然です。一方、デジタルデータについてはコピーによる劣化はありません。またデジタルデータは圧縮が可能で、短時間でデータを転送するのに適しています。

1-2-2 コンピュータ上でのデータの表し方

　一般的なコンピュータは、データをデジタル形式で取り扱います。また、デジタルでは2進法を用

いることが一般的です。現実社会で一般的に利用されるのは0から9までの10種類の記号を用いる10進法ですが，2進法では0と1の2つの記号を用いて数字を表記します。0と1以外には，電源のオンやオフなど2種類の方法を用いて2進法を表すことができます。

　2進法の1桁をビットと呼び，8桁をまとめてバイトと呼びます。1ビットでは2種類のデータを表すことができます。1バイトは8ビットで2の8乗の256種類のデータを表すことができます。先ほどの音楽データの量子化ビット数65,536はべき乗で表記すると2^{16}ですので16ビットとなります。

　では実際どのようにコンピュータの中で文字や数字のデータを表しているのでしょうか？ 数字の場合は比較的簡単で，基本的に2進法で表します。しかし，数値が大きくなると2進法での表記はコンピュータの中では問題ありませんが，我々人間が扱う際には桁が長くなりすぎるので，簡単に2進法に直せる16進法を用いることもあります。**表1-1**に2・10・16進法で表記した数値表を示します。

表1-1　2進と10進と16進対応表

10進法	2進法	16進法
0	0	0
1	1	1
2	10	2
3	11	3
4	100	4
5	101	5
6	110	6
7	111	7
8	1000	8
9	1001	9
10	1010	A
11	1011	B
12	1100	C
13	1101	D
14	1110	E
15	1111	F
16	10000	10
17	10001	11
⋮	⋮	⋮
64	1000000	40
⋮	⋮	⋮
128	10000000	80
⋮	⋮	⋮
192	11000000	C0
⋮	⋮	⋮
255	111111111111111	FF

　負の数は，データを表すビットの最初を符号ビットとして表します。0のときは正の数とし，1のときは負の数を表します。1バイトすなわち8ビットの場合，2進法で8桁になりますが，最初の1桁目を符

1章 コンピュータの基礎知識

号ビットで用い残り7ビットで表すと，10進法表記で –127 〜 +127 までを表すことができます。また，小数点を含む場合は浮動小数点表示と呼ばれる方法で符号と仮数と指数の部分に分けて表記します。

数字以外のデータでは符号化を行います。符号化とは情報をデジタル化する際にある規則に従って対応させることです。文字の場合，ASCIIコードと呼ばれる8ビット（＝1バイト）でアルファベットや記号を表しています。

表 1-2　ASCII コード表

b4	b3	b2	b1	b8	0	0	0	0	0	0	0	0
				b7	0	0	0	0	1	1	1	1
				b6	0	0	1	1	0	0	1	1
				b5	0	1	0	1	0	1	0	1
				列／行	0	1	2	3	4	5	6	7
0	0	0	0	0	NUL	DEL	sp	0	@	P	`	p
0	0	0	1	1	SOH	DC1	!	1	A	Q	a	q
0	0	1	0	2	STX	DC2	"	2	B	R	b	r
0	0	1	1	3	ETX	DC3	#	3	C	S	c	s
0	1	0	0	4	EOT	DC4	$	4	D	T	d	t
0	1	0	1	5	ENQ	NAK	%	5	E	U	e	u
0	1	1	0	6	ACK	SYN	&	6	F	V	f	v
0	1	1	1	7	BEL	ETB	'	7	G	W	g	w
1	0	0	0	8	BS	CAN	(	8	H	X	h	x
1	0	0	1	9	HT	EM	)	9	I	Y	i	y
1	0	1	0	10	LF	SUB	*	:	J	Z	j	z
1	0	1	1	11	VT	ESC	+	;	K	[	k	{
1	1	0	0	12	FF	IS4	,	<	L	\	l		
1	1	0	1	13	CR	IS3	–	=	M	]	m	}
1	1	1	0	14	SO	IS2	.	>	N	^	n	-
1	1	1	1	15	SI	IS1	/	?	O	-	o	DEL

日本語の漢字は常用漢字だけで 2,136 文字あり 8 ビットでは足りないため，倍の 16 ビット（＝ 2 バイト）を用いた JIS コード表を利用しています。さらに最近は世界で使用されるすべての文字を取り扱える Unicode に適した UTF が利用されています。

音楽データの符号化では Windows に利用されている Windows Media Audio，MP3，ATRAC や G.729 などがありますが，これらはデータの圧縮機能の有無，また圧縮時の可逆性（圧縮したデータを元通りに戻せること）など，それぞれ特徴があります。

写真などの静止画では当初は GIF が利用されていましたが，アルゴリズムの特許問題が生じたため，いまでは PNG や JPEG の利用が一般的です。100 万画素のデジタルカメラでは画面を 100 万個の点の集合体として処理します。1つの点の色を 24 ビットで表すと 2^{24}=16,777,216，約 1,677 万階調と

なり、光の3原色を用いてそれぞれ8ビットの色を表現することができます。

動画についてはMPEGが利用されていますが、スマートフォンやタブレットではMPEG-4が利用され、地上波デジタルテレビではMPEG-2が利用されています。

これらのデジタルデータは文字から画像へ、そして動画となるにつれ、取り扱うデータ量が飛躍的に大きくなりました。データの量を表す単位はバイト（Byte）で表記しますが、0の数が増えると見づらくなり、また間違えやすくなるため接頭語（接頭辞）を用います。当初はデータが2進法で表されることから、$2^{10}=1,024$をK（キロ）、$2^{20}=1,048,576$をM（メガ）、そして$2^{30}=1,073,741,824$をG（ギガ）を利用していました。しかしSI単位系と呼ばれる国際単位の接頭語（接頭辞）でのk=1,000, M=1,000,000, G=1,000,000,000との違いが生じています。このためコンピュータの世界でも、最近は1kBは1,000Byteとし、以前の単位は1KiB（キビバイト）=1,024Byteと表記されるようになっています。したがって古い文献を参照するときは注意が必要です。

例えば1GBのUSBメモリーやSDカードメモリーに記憶できるデータを求めてみましょう。文字データでは1文字が2バイトとなりますので、1GB=1,000,000,000÷2で500,000,000文字となり、400文字原稿用紙125万枚相当の文字が保存できることになります。

> **確認問題**
>
> 1GBのUSBメモリーに非圧縮で44.1kHz、2バイトサンプリングの音楽データは何分保存できるでしょうか？
> また、同じメモリーに100万画素のデジタルカメラ写真は何枚保存できるでしょうか？

1-3 コンピュータネットワーク

コンピュータは当初非常に高価であったため、利用時間を分割するTSS（Time Sharing System）を用いる端末から利用されていました。物理的に離れた環境では電話などの通信回線を利用して使用していました。この際のプロトコルと呼ばれる通信手順は各社ごとに異なっていましたが、1970年代後半にIP（Internet Protocol）と呼ばれる通信規約が普及するとコンピュータ同士を、IPを利用したネットワークで接続して利用することが一般的になりました。

コンピュータをネットワークに接続するには、物理的な接続と論理的な機器識別が必要になります。

物理的な接続では室内や建物内では電波やUTPケーブルと呼ばれる8本の撚り銅線を用い、遠距離間では光ファイバーを用いるのが一般的です。速度は1秒間に伝送できるビット数で表します。2.4GHzや5GHzの電波を利用した無線LANでは4〜54Mbps程度で、有線のUTPでは1Gbps、光ファイバーでは1〜100Gbpsなどが一般的です。

1章 コンピュータの基礎知識

　論理的な機器識別にはIPアドレスが一般的に用いられます。アドレスには世界で1つしかないグローバルアドレスと，内線番号のように利用されるプライベートアドレスがあります。これらのアドレスは，最初のうちはIPv4と呼ばれる32ビット長のものが利用されてきましたが，インターネットの爆発的な利用からアドレスが枯渇し，128ビット長のIPv6アドレスも利用され始めています。

解答

　44.1kHzとは1秒間に44,100回のデータを採取する意味で，2バイトサンプリングとはその採取データを2バイトで保存するという意味です。したがって，1秒間当たりのデータ量は44,100×2=88,200バイトになります。モノラル録音の場合は，1,000,000,000÷88,200=11,337秒＝188分（分以下切り捨て）となります。ステレオ録音の場合は半分の94分となります。ちなみにこの値は一般的なCDの音楽データのサンプリング方法です。

　各画素を24ビットで表すと100万画素全体では24ビット×1,000,000画素＝24,000,000ビットとなります。これをバイトに変換すると24,000,000/8=3,000,000バイトになります。1GB=1,000,000,000バイトですので1,000,000,000÷3,000,000=333枚（小数点以下切り捨て）保存することができます。実際はこれをPNGやJPEGなどによりデータを圧縮するのでもっと多くの写真を保存することができます。

2章

Windows入門

この章ではコンピュータ利用の第一段階としてWindowsとOfficeの基礎を学びます。

2章 Windows入門

2-1 Windowsの基礎

この節では，OS，起動と終了，マウスの基本操作などを学びます。

2-1-1 OSとは

OS（オペレーティングシステム）は基本ソフトウェアとも呼ばれ，キーボードによる文字入力や画面表示，プリンターへの出力など，様々なアプリケーションプログラムに共通の基本的な機能を提供します。パソコンのOSとして現在最も利用されているものはマイクロソフト社のWindowsになりますが，その他にもmacOS, iOS, Android, Linuxなど様々な種類のOSがあります。

2-1-2 OSの起動から終了まで

OSであるWindowsの起動から終了までを行ってみましょう。

◎ OSの起動とサインイン

Windowsは，コンピュータの電源をONにすることによって自動的に起動し，最初に「サインイン」（以前は「ログオン」などと呼ばれていました）というコンピュータに使用者（ユーザー）を識別させる認証という手順が必要になります。

- **サインインは，次のように行います。**
    1. 起動後「ロック画面」が表示されますので，マウスのクリック操作もしくは Enter キーを押します。
    2. 「ユーザー」（アカウント）を入力もしくは選択します。
    3. 「パスワード」を入力し，右向きのカーソルのクリック操作もしくは Enter キーを押します。

図2-1　ロック画面

◎スタート画面とタブレットモード

Windows 10 では，起動後に表示される画面として，キーボードとマウスでの操作に適したデスクトップと，Windows 8 のスタート画面と同様のタッチ操作に適した「タブレットモード」があり，通知領域の［タブレットモード］ボタンで切り替えることができます。通知領域については，後述します。

「タブレットモード」では，［ピン止めしたタイル］と［すべてのアプリ］の画面の切り替えができ，そのためのボタンが画面左上に配置されています。

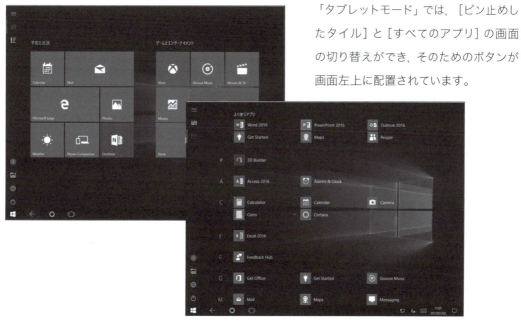

図 2-2　タブレットモードにおける［ピン止めしたタイル］と［すべてのアプリ］

◎デスクトップ

Windows 7 まではサインイン（ログオン）後，最初に現れる「デスクトップ」（机の上：作業場所）と呼ばれる画面です。Windows 8 以降でもファイルやフォルダーの操作やデスクトップアプリと呼ばれる Word や Excel などが動作するための画面となります。

図 2-3　デスクトップ

2章　Windows入門

◎スタートボタンとスタートメニュー

　様々な操作の出発点となるのが，画面左下の［スタートボタン］と，［スタートボタン］をクリックしたときに現れる「スタートメニュー」です。ここに頻繁に使用するアプリケーションプログラムの起動のための「タイル」を配置（ピン止め）することができます。「タイル」は大きさを変えたり，移動したり，グループ化したりするなど使いやすくすることができます。

図 2-4　スタートボタンとスタートメニュー

◎タスクビューと仮想デスクトップ

　Windows 10 の新機能として，タスクバーの検索ボックス右の［タスクビュー］をクリックすることで起動しているアプリケーションプログラムの確認と切り替えを容易にできるようになりました。また［新しいデスクトップ］をクリックして複数のデスクトップを追加し，切り替えることで作業環境を増やすことができる「仮想デスクトップ」の機能も加わりました。

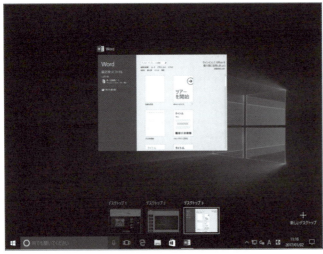

図 2-5　タスクビューと仮想デスクトップ

◎ 通知領域

Windows 10 の新機能として、タスクバーの右側に通知アイコンが配置され、クリックすると通知領域が表示されます。ここにはメールに関するメッセージや各種設定を行うためのボタンが表示され、前述の「タブレットモード」への切り替えも行えます。

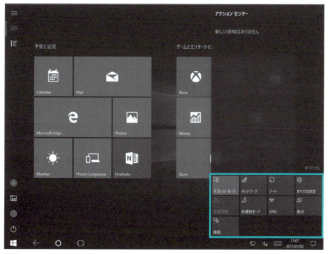

図 2-6　通知領域

◎ OS の終了

Windows を終了するには、シャットダウンを行います。次のように行います。

1. 作業中のファイルが保存してあることを確認し、開いているアプリケーションプログラムをすべて終了します。
2. ［スタートボタン］をクリックし、スタートメニューの［電源］をクリックして、［シャットダウン］をクリックします。

2-1-3　マウス

● マウス

様々な形状のマウスがありますが、多くは本物のマウス（ネズミ）に少し似た外観をしています。小さな楕円形でしっぽに似ている長いワイヤーで接続されています。最近では無線機能をもったコードレスのものもあります。一般的には、左右にボタンがついています。種類によっては1個あるいは3個のボタンがついているものがあります。さらにホイールと呼ばれる縦あるいは横のスクロール操作用の装置が付属しているものもあります。

図 2-7　マウスの例

2章 Windows入門

- **マウスポインタ**

マウスポインタの形は，通常は白い矢印ですが，画面上の位置や，そのときの状態によって変化します。

図2-8　マウスポインタの種類

◎ **マウスの基本操作**

- **ポイント**

マウスを手で移動すると画面上のポインタも同じ方向に移動します。マウスポインタを移動して，画面上の対象物に合わせることを「ポイント」といいます。

- **クリック（シングルクリック）（左右）**

左あるいは右ボタンを1回だけ，押して離します。

- **ダブルクリック**

左ボタンを素早く続けて2回，押して離します。

- **ドラッグ**

左ボタンを押したままマウスを動かします。

- **ドラッグアンドドロップ**

左ボタンを押したままマウスを動かし，目的の場所でボタンを離します。

2-1-4　ファイルとフォルダー

ここでは情報を整理する際に役立つファイルとフォルダーについて学びます。

- **ファイル**

データ化した情報はファイルとして保存されます。ファイルはその属性によって，テキストファイルやWord文書ファイルなどと呼ばれます。

- **フォルダー**

ファイルはその属性によって，テキストファイルやWord文書ファイルであれば「ドキュメント」フォルダーに，静止画像ファイルであれば「ピクチャ」フォル

図2-9　階層構造をもつフォルダーの例

ダーに，動画ファイルであれば「ビデオ」フォルダーに，というように，各ユーザーのフォルダー内のそれぞれの属性を示すフォルダーや自分で作成したフォルダーに保存することができます。例えば，図のように「ドキュメント」フォルダーに年度，受講科目，月，資料名などの分類に基づく階層構造をもつフォルダーを作成して，ファイルを整理・保存することができます。

◎エクスプローラー

　ここでは情報を整理する際に役立つエクスプローラーによるファイルとフォルダーの操作について学びます。

　タスクバーまたは［スタート］メニューから，またはキーボードの [⊞] キーを押しながら [E] キーを押して，エクスプローラーを開きます。

　Windows 8 以降，OneDrive がエクスプローラーの一部として表示されるようになりました。この OneDrive については後述します。また Windows 10 では，エクスプローラーを開くと［クイックアクセス］が表示され，よく使うフォルダーと最近使ったファイルの一覧が表示されます。

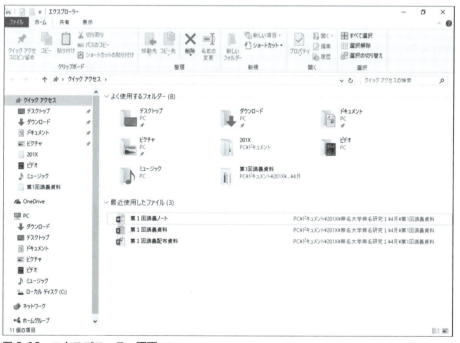

図 2-10　エクスプローラー画面

　Windows 7 までの［マイコンピューター］は［PC］という名前になり，既定ではデスクトップに表示されなくなりました。常に表示させるためにはデスクトップに［PC］アイコンをドラッグアンドドロップします。

2章 Windows入門

　同様に，[ライブラリ]も既定では表示されません。[ライブラリ]を左ウィンドウに追加するには，[表示]タブ，[ナビゲーションウィンドウ]，[ライブラリの表示]の順に選びます。

　フォルダーウィンドウでは，[ホーム]タブのメニューを使って，新規フォルダーの作成や，選択したファイルやフォルダーについて「切り取り」，「コピー」，「貼り付け」，「削除」，「名前の変更」などの操作をすることができます。またお気に入りのフォルダーを[クイックアクセス]にピン留めしてすぐ選べるようにできますし，また[表示]タブで表示項目を変更したり，ファイル一覧の表示方法などを変更したりすることができます。ファイル一覧では見出しによって項目の表示順を変えることもできます。

◎移動とコピー

　マウスを使ったファイルやフォルダーの操作については注意が必要です。通常，マウスを使って，同一ドライブ（ボリューム）上でファイルやフォルダーを別のフォルダーなどにドラッグアンドドロップすると「移動」になります。しかし，別のドライブ（ボリューム）へと同様の操作をすると，実際には「コピー」されます。

> 理解しにくいと感じる場合には，マウスを使って，右クリックしたままファイルやフォルダーをドラッグし，目的の場所で指を離し，表示されるメニューから[ここにコピー]あるいは[ここに移動]を選択するとよいでしょう。

◎ファイルの削除とごみ箱の操作

　ファイルの削除については，削除対象のファイルが保存されている場所によって，操作手順とその結果が異なります。内蔵（ローカル）のハードディスクに保存されているファイルを削除する場合は，削除するファイルをマウスで選択してデスクトップ上の[ごみ箱]にドラッグします。あるいは，フォルダーウィンドウの[整理]メニューから[削除]を選択するか，ファイルをマウスで選択して右クリックして表示されるメニューから[削除]を選択します。

　ダイアログボックスが表示され，[はい]ボタンをクリックすれば，選択したファイルは[ごみ箱]に移動します。このファイルは，一時的に元の場所から移動しただけで，実際には消えていません。

　[ごみ箱]をダブルクリックしてごみ箱フォルダーを開き，[この項目を元に戻す]ボタンをクリックすれば，元の場所に戻すことができます。完全に消去するためには，[ごみ箱]フォルダーの[ごみ箱を空にする]ボタンをクリックします。[ごみ箱]を空にした場合，削除したファイルは取り戻せなくなりますので，注意が必要です。

USBメモリーなどのメディアやネットワーク経由で接続しているドライブに保存されているファイルに対して同様の操作を行うと，即時の削除になりますので注意が必要です。

なお，教育機関や組織で運用されているPCの環境では，［ごみ箱］の機能が制限されていることもあります。この場合，保存されていた場所に関係なく即時削除になりますので，注意が必要です。

2-1-5 MicrosoftアカウントとOneDrive

◎ Microsoftアカウント

Microsoftアカウントとは，マイクロソフト社の提供しているOutlook.com，Hotmail，Office 365，OneDrive，Skype，Xboxのサービスで使用しているアカウントになります。これらのサービスを使ったことがない場合は，Outlook.comで無料のアカウントを簡単に作成できます。またMicrosoftアカウントを使うことで，Windowsストアのアプリやゲームにアクセスすることができます。また他のWindows PCだけでなく，macOSやiOS，Androidなど他のデバイスでデータを確認することもできます。

個人のPCで初回起動時にWindowsを設定するときに，Microsoftアカウントでサインインすることを選択している場合には，そのまま利用できます。

初回起動時にMicrosoftアカウントを利用せずに各種設定を行った後に，Microsoftアカウントに切り替えるには，次のように行います。

1. ［スタートボタン］から［設定］，［アカウント］，［お使いのアカウント］の順に選びます。
2. ［Microsoftアカウントでのサインインに切り替える］を選びます。
3. 画面の指示に従って，Microsoftアカウントに切り替えます。

これによってローカルアカウントがMicrosoftアカウントに切り替わります。次回Windowsにサインインするときは，Microsoftアカウント名とパスワードを使います。

ただし，教育機関や組織で運用されているPCの環境では，利用するアカウントが指定されていることが多く，Microsoftアカウントへの切り替えや利用について制限されていることもありますので，注意が必要です。

◎ OneDrive

OneDriveは，Microsoftアカウントで使用できるインターネット上の保存領域（オンラインストレージ）です。ここにファイルを保存するとPCだけでなくタブレットなど様々なデバイスからもアクセスできます。

作業中のドキュメントをOneDriveに保存するには，エクスプローラーを開き，OneDriveフォルダーにファイルをドラッグします。OneDriveに保存されたファイルは，インターネットに接続してい

ないオフラインの場合でも使うことができます。インターネットに再接続するとファイルのオンラインバージョンを更新します。

> オフラインの場合には PC の記憶容量を消費しますので，タブレットなど記憶容量の少ないデバイスで使用する場合には，注意が必要です。必要性の低いファイルやフォルダーはオンラインでのみ使用するように設定するとよいでしょう。

2-2 日本語入力とアプリケーション

この節では，キーボードとタイピング，そして日本語入力について学びます。

2-2-1 キーボード

キーボードには，100 個余り（ノート型の場合には 80 個余り）のキーがあり，そのキーの数によって，101，106 キーボードなどと呼ばれます。代表的なものはアメリカなど英語圏での使用を前提にした 101 キーボードと，この 101 キーボードを基にして，かな漢字変換などで使用するキーを追加した，日本での使用を前提にした 106 キーボードです。最近では，これらの 101，106 に左右の Windows キーとアプリケーションキーを追加した 104，109 キーボードが主流になっています。また，ノート型パソコンでは 89 キーボードがよく使用されています。タブレット PC などではスクリーンキーボードと呼ばれる画面上に表示されるものもあります。

◎キーの役割

図 2-11　109 キーボード

文字キーは，「英字」（アルファベット），「数字」，「記号」，そして日本語キーボードの場合には，「かな」から構成されています。

その他の使用頻度の高いキーについては以下の通りです。

> [Enter] ……………… エンター（リターンあるいは改行）キーと呼びます。漢字変換の確定や文章の改行に使用します。
> [Esc] ……………… エスケープキーと呼びます。操作の取り消しなどの際に使用します。

2-2 日本語入力とアプリケーション

[Tab] ……………… タブキーと呼びます。入力位置の切り替えや単語の位置を揃える際に使用します。

[変換] ……………… 漢字変換の際に使用します。

[Shift] ……………… シフトキーと呼びます（2か所あります）。英字キーと同時に押すと英大文字が入力できます。かなキーと同時に押すとキーの左上に印字された文字が入力できます。

[Ctrl] ……………… コントロールキーと呼びます（2か所あります）。シフトキーと同様に他のキーと組み合わせて使用します。

[Alt] ……………… アルト（オルト）キーと呼びます（2か所あります）。シフトキーと同様に他のキーと組み合わせて使用します。

[Page Up], [Page Down] ……… ページアップ，ページダウンキーと呼びます。長文編集の際にページの上下移動に使用します。

[→], [←], [↑], [↓] …… カーソルキーと呼びます。カーソルの移動に使用します。

[Insert] ……………… インサートキーと呼びます。文書編集の際に，挿入・上書きモードの切り替えに使用します。

[Delete] ……………… デリートキーと呼びます。カーソルの右側の文字を削除する際に使用します。

[Back space] ……………… バックスペースキーと呼びます。カーソルの左側の文字を削除する際に使用します。

[F1], [F2] … [F12] … 機能（ファンクション）キーと呼びます。使用するアプリケーションプログラムごとに様々な機能が割り当てられています。

[space] ……………… スペースキーと呼びます。空白（スペース）の入力や日本語入力の漢字変換の際に使用します。

以下に入力の際に注意すべきキーを記します。

[Caps Lock] ……………… 英語の大文字固定入力のON/OFFに使用します。

[Num Lock] ……………… 数字キーのON/OFFに使用します。

[漢字] ……………… [Alt]+[半角/全角]で代用されることもあり，日本語入力(IME)システムのON/OFFに使用します。IMEについては後述します。

[カナ] ……………… [Ctrl]+[Shift]+[カタカナ/ひらがな]で代用されることもあります。かな文字入力のON/OFFに使用します。

この他，Windowsのロゴマークが印字され，Windowsキーと呼ばれるキーがあります。Windowsキーを押すとスタートメニューが表示されますが，他のキーと組み合わせることで様々な操作ができます。またアプリケーションキーと呼ばれるキーもあり，マウスの右クリックにあたる操作ができます。このキーがない場合は，[Shift]+[F10]で代用できます。

2章 Windows入門

 ノートPCやタブレットPCの多くには「Fn」キーがあります。例えばマイクロソフト社製のタブレットPC（Surface）用のキーボードでは，ディスプレイの明るさ調節などハードウェアの制御用に割り当てられているキーを「Fn」キーと組み合わせることによって機能キーとして使用できます。

◎かな入力とローマ字入力

 日本語入力の方法には，かな入力とローマ字入力という2つの方法があります。両者の特徴について比較してみましょう。

- **かな入力**

 五十音といわれる「かな文字」は，〔あ〕から〔ん〕までの46文字に，濁点と半濁点，撥音，促音などがあります。

 例えば，「だいがく」という文字を入力するためには，カナ キーをONにした状態で，た ゛ い か ゛ く という順番で，かなキーを押すことになります。

 キーボード上の「かな文字」を押すだけなので，一見簡単そうに思えますが，配置を覚えるキーの数は多く，修得までに時間がかかります。さらに英字入力をするためには，「かな文字」の他にアルファベットも覚えなくてはいけません。

- **ローマ字入力**

 アルファベット26文字だけを使って英語だけでなく，すべての「かな文字」を入力する方法です。

 例えば，「だいがく」という文字を入力するためには，カナ キーをOFFにした状態で，d a i g a k u という順番で，英字キーを押すことになります。

 同じ文字を入力するために押さなければならないキーの数は多いのですが，配置を覚えるキーの数が少ないので，結果的には修得が早いといえます。ただし，「かな文字」の「ローマ字」表記に慣れる必要があります。

2-2-2 タイピング

 文字入力をするために，キーボードのキーを押すことを英語ではTyping（タイピング：叩くこと）と呼びます。慣れないうちはどうしても一本指や片手だけの入力をしてしまいがちですが，「癖」がついてしまうと，なかなか修正をするのは難しいものです。習い始めのときに「タッチタイプ」と呼ばれるタイピングの方法をしっかりと身につけましょう。

◎タッチタイプ

 文字を入力するためには，キーボードのキーを押す（叩く）ことになりますが，キーの位置を感覚的に覚えて，キーボードをほとんど見ずに，原稿またはディスプレイ画面を見ながら入力する方法です。

- **タッチタイプの意義**

 視線の移動が少なくなり，作業の中断が減りますので，正しく早く入力することができます。

疲労の軽減や作業の効率化につながります。指に気を取られることがなくなるので，考えたことをすぐに入力できます。

- **タッチタイプの4原則**

次の4原則を守ることが，上達への近道です。

1. 正しい姿勢でタイピングする。
2. ホームポジションを守る。
3. キーボードを見ない。
4. 各指の分担を必ず守る。

- **タイピング姿勢**

タイピングする際に姿勢を正しくするためには，次の5点に注意しましょう。

1. いすの高さ：ひじの角度を90度位にしてひじから手首までが水平になるようにすること。
2. いすに深く腰掛けること。
3. 背筋を伸ばすこと。
4. 手のひらを机やキーボードにふれないようにすること。
5. 指先は，卵またはテニスボールを握るように丸くすること。

- **ホームポジション**

キーボードを指の腹でさわると，2つだけ感触の違うキーがあります。ひとつは〔F〕，もうひとつは〔J〕です。この2つのキーがホームポジションと呼ばれます。〔F〕に左手の人差し指，〔J〕に右手の人差し指を置き，両方の中指，薬指，小指を外側に置きます。さらに両方の親指を〔Space〕キーに置きます。このホームポジションに各指をおいて練習をします。最初は片手ずつ人差し指と中指から始め，薬指を加えて練習し，最後に小指を加えて練習をしていきましょう。

人差し指……右手の人差し指は，〔J〕と〔H〕を含む2列，左手の人差し指は，〔F〕と〔G〕を含む2列が範囲となります。
中指…………右手の中指は，〔K〕を含む列，左手の中指は，〔D〕を含む列が範囲となります。
薬指…………右手の薬指は，〔L〕を含む列，左手の薬指は，〔S〕を含む列が範囲となります。
小指…………右手の小指は，〔；〕を含む列，左手の小指は，〔A〕を含む列が範囲となりますが，さらに，右手の小指は〔；〕より右側にあるキーすべて，左手の小指は〔A〕より左側のキーすべてが担当になります。

それぞれの指の分担範囲を確認しながら，正確に素早く打てるようになったら，すべての指を使い，総合的な練習をしてタッチタイプを修得しましょう。

2-2-3 日本語入力の基礎

日本語入力の難しい点として同音漢字の区別があります。ここでは日本語文の漢字変換について学びます。

2章 Windows入門

◎日本語入力と変換

●日本語入力システム

日本語を入力するためには，まずひらがなで読みを入力し，それをIME（アイ・エム・イー）と呼ばれる「日本語入力システム」で漢字かな交じり文に変換します。

日本語入力システムとしてWindowsに標準で搭載されているMicrosoft IMEがあります。

●日本語入力

言語バーの入力モード表示の［A］を［あ］にすることでIMEをONにします。次の方法があります。

1. 半角/全角（漢字）キーを押して切り替える。
2. 言語バー［A］をクリックして切り替える。

●キーへの文字の割り当て

日本語キーボードでは，「ローマ字入力」，「かな入力」と〔漢字〕，〔カナ〕，〔Shift〕キーの使い分けによって，1つのキーでいくつもの違う文字を入力することができます。例えば，〔?〕キーの場合

(1) 〔漢字〕，〔カナ〕がOFFになっている場合，

そのまま押せば「/」（半角）が入力され，〔Shift〕（半角）キーを押しながらであれば「?」（半角）が入力されます。

(2) 〔漢字〕，〔カナ〕ともにONであれば，

そのまま押せば「め」，〔Shift〕キーを押しながらであれば「・」（全角）が入力されます。

(3) さらに，〔漢字〕はOFF，〔カナ〕がONの場合には，

そのまま押せば「メ」（半角），〔Shift〕キーを押しながらであれば「･」（半角）が入力されます。

(4) また，ローマ字入力で，〔漢字〕はON，〔カナ〕がOFFの場合には，

そのまま押せば「・」（全角），〔Shift〕キーを押しながらであれば「？」（全角）が入力されます。

●ローマ字入力とかな文字

「ローマ字入力」を使って，かな文字を入力してみましょう。

五十音

基本となる五十音を入力してみます。「あいうえお」と入力するためには「aiueo」とひらがなに対応するアルファベットキーを押します。

撥音・濁音・半濁音

撥音とは「ん」のことで，通常は〔nn〕と入力しますが，子音の前に来るときには，〔n〕だけでも大丈夫です。濁音，半濁音はそれぞれ，「がぎぐげご」であれば〔gagigugego〕，「ぱぴぷぺぽ」であれば〔papipupepo〕というように対応するキーを押します。

拗音・促音・長音

拗音とは，「きゃきゅきょ」の「ゃゅょ」のように，小さく書く音のことです。

促音は，「っ」のことで，単独で入力する際には〔ltu〕としますが，一般的に，子音の前に来

ることが多いので,その子音を2回続けて入力します。長音は,長くのばす音で〔ー〕と表示されますが,マイナス記号〔−〕やハイフン〔-〕と混同することが多いので注意が必要です。

読点・句点
　文の区切りを明確にするための句読点ですが,読点は〔,〕(全角)と〔,〕(半角)を,句点は〔。〕と〔.〕を押します。

- **入力モード**

標準の状態で入力すると,ローマ字入力した文字は,ひらがなに変換されていきます。Microsoft IME のツールバーの入力モードを変更することによって,様々な文字を入力することができます。

全角・半角

日本語ワープロでは,漢字の大きさを基準として,漢字一文字分の大きさで表示される文字を「全角」,半分の幅で表示される文字を「半角」と呼びます。一般的には,かなや漢字は全角で,英数記号は半角で入力します。

　　全角文字：アイウエオ　１２３４５　ＡＢＣＤＥ

　　半角文字：ｱｲｳｴｵｶｷｸｹｺ　1234567890　ABCDE

- **入力モードの変更**

Microsoft IME の標準状態では,ローマ字入力した文字は,ひらがなに変換されます。これは初期入力モードが「全角ひらがな」になっているためです。

Microsoft IME のツールバーでモードを変更することによって,下記のように各種の文字を入力することができます。

入力モードの変更は次のように行います。

1. 日本語入力 ON になっている状態でツールバーの [あ] と表示されている箇所をクリックします。
2. 表示されたメニューから各種入力モードを選択し,クリックします。

入力モードボタン	文字種
あ	全角ひらがな
カ	全角カタカナ
ｶ	半角カタカナ
Ａ	全角英数字
A	半角英数字

- **未確定と確定**

入力したばかりの文字には点線の下線がついています。これは「未確定状態」で他の文字種に変換することができます。Enter キーを押すことで「確定状態」になると他の文字種に変換することはできなくなります。

2章 Windows入門

● **様々な文字種への変換**

未確定状態の文字を漢字や様々な文字種への変換をしてみましょう。

● **ファンクションキーによる変換**

ひらがなとして入力された文字を他の文字種に変換するには，未確定状態でファンクションキーを押す方法もあります。

- [F6]：全角ひらがな
- [F7]：全角カタカナ
- [F8]：半角
- [F9]：全角英数

● **漢字への変換**

漢字への変換は，[変換]キーを押し，[Enter]キーを押すことで確定します。

変換された漢字が同音異義語などのため，正しいものではなかった場合には，[変換]キーを何度か押して複数の候補から適切なものを選択します。

Microsoft IME は，同音異義語以外にも他の文字種も変換候補として提示してくれます。うまく変換できないときは，読みを変えて入力し直してから変換しましょう。

● **IME パッド**

読みにくい漢字は IME パッドを使って入力することができます。次のように行います。

1. 言語バーの IME パッドをクリックします。
2. IME パッドが表示され，使用するアプレット名をクリックします。

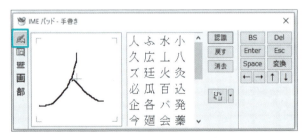

図 2-12 手書きで漢字を描いて探す「手書き」アプレット

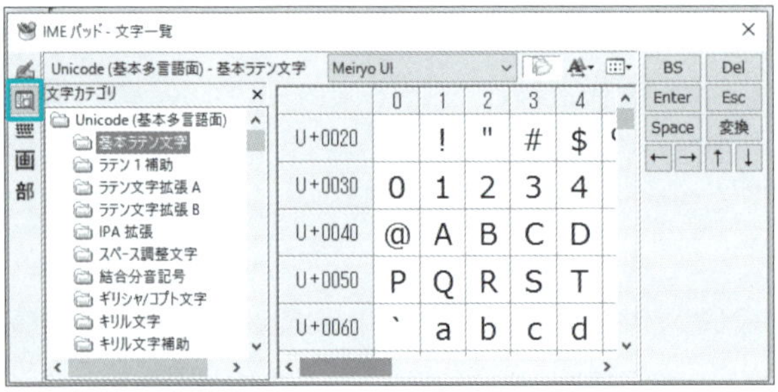

図 2-13 文字コードから探す「文字一覧」アプレット

この他，漢字の総画数から探す「総画数」アプレットや漢字の部首から探す「部首」アプレットがあります。

- **郵便番号から住所の入力**

郵便番号を入力して住所に変換することができます。次のように行います。

1. 郵便番号を，"XXX-YYYY" のように "-" で区切って 3 桁 -4 桁の形式で入力し，変換キーを 2 回押します。
2. 候補一覧に入力した郵便番号に対応した住所が表示されます。
3. 入力したい住所を選択し，Enter キーを押します。

- **禁則処理**

行の先頭に置いてはいけない文字は「行頭禁則文字」と呼ばれ，例えば，感嘆符！や疑問符？といった記号類，各種の終わり括弧」，』や｝などがあります。また，行の末尾に置いてはいけない文字は「行末禁則文字」といい，例えば，金種を表す円記号￥やドル記号＄，各種の始め括弧「，『　や｛などがあります。これらの禁則文字について，自動的に位置を調整してくれるワープロの機能が「禁則処理」です。

- **句読点と記号**

日本語の文で使用される句読点や記号については，Microsoft IME の「プロパティ」の詳細設定で変更することができます。横書きの場合に主に使用されている方式は以下の通りですが，これらのうち本書は 1. の方式に準拠しています。

1. 。（まる），（コンマ）・（なかてん）（）（かっこ）「」（かぎ）
2. 。（まる）、（てん）・（なかてん）（）（かっこ）「」（かぎ）
3. ．（ピリオド），（コンマ）・（なかてん）（）（かっこ）「」（かぎ）

◎ 文への変換

日本語入力の基礎として「漢字かな交じり文」への変換方法について学びます。

- **単語・熟語単位の変換**

文を構成する最小単位である「単語」ごとに変換することを単語変換といいます。また，2つ以上の単語が結合してできた言葉である熟語単位でも変換できます。

- **単文節変換**

ひとつひとつの文節（単文節）ごとに，入力と変換をすることを「単文節変換」といいます。単語・熟語単位の変換よりは作業効率が高い変換方法です。

- **連文節変換**

複数の連続する文節を入力変換することを「連文節変換」といいます。変換キーを押す回数が少ないので作業効率は最も高いのですが，入力ミスや誤変換があるとかえって効率を落とす結果になります。

2章 Windows入門

● 連文節変換の4つの操作

文節の区切り直し ………	[Shift]+[→] または [Shift]+[←]
再変換………………………	[変換]
文節の移動 ………………	[→] または [←]
全文の一括確定 …………	[Enter]

2-2-4 アプリケーションプログラムの起動から終了まで

ここでは，Windowsで動作するすべてのアプリケーションプログラムに共通な起動と終了の方法を学びます。

◎アプリケーションプログラムの起動

アプリケーションプログラムを起動するには以下の方法があります。

1. ［スタートボタン］をクリックして，目的のアプリケーションプログラムを選択します。例えばワードプロセッサであるWordを起動するには，［Word 2016］を選びます。（Windows 8.1では，「スタート画面」上のタイル，もしくは，画面左下の下向き矢印を選択して「アプリ画面」を表示させ，目的のアプリケーションプログラムを選択します。）
2. ［検索］ボックスに使用したいアプリケーション名のいくつかの文字を入力すると，検索されたアプリケーションプログラムが表示されますので，目的のものをクリックして起動します。
3. アプリケーションプログラムで作成したファイルをダブルクリックして起動します。
4. アプリケーションプログラムで作成したファイルを右クリックして［プログラムから開く］をクリックして，目的のアプリケーションプログラムを選択して，［OK］をクリックします。

図2-14　アプリケーションの選択

◎アプリケーションプログラムの終了

アプリケーションプログラムを終了するには，以下の方法があります。

1. アプリケーションのタイトルバーにある［閉じる］ボタンをクリックします。
2. Officeの場合には，［ファイル］タブをクリックして，［閉じる］を選択します。

2-2-5 メディアの取り扱い

Windowsでは，コンピュータウィンドウを開くと，利用できる記録装置（デバイス）とメディアが表示されます。

ハードディスクは「ハードディスクドライブ」一覧に，ハードディスク以外の利用のたびにCDやDVDなどのメディアを出し入れすることのできる記憶装置は「リムーバブル記憶域があるデバイス」一覧に表示されます。またネットワーク経由で利用できる記憶域については「ネットワークの場所」一覧に表示されます。

◎メディアの利用

リムーバブル記憶域については，メディアが認識されるとアイコンが変化します。メディアは，初めて利用する際にフォーマットが必要な場合があります。

USBメモリーのようにUSBインターフェイスに接続して利用するものは大容量記憶装置として認識され利用できるようになります。

◎メディアの取り出し

リムーバブル記憶域としてのメディアについては取り出しの際は注意が必要です。メディア上のフォルダーを開いている状態や，データを読み書き中にメディアを無理やり排出させたり，USBコネクタから取り外したりするとデータに障害が発生するだけでなく，OSあるいはコンピュータ本体にも不具合が発生する可能性があります。取り出す際は，必ずそのメディアを利用しているアプリケーションプログラムがないかどうかを確認して，右クリックして表示されるメニューから［ハードウェアを安全に取り外してメディアを取り出す］を選択し，タスクバーにポップアップウィンドウが表示されてから取り外ししてください。

図2-15 メディアの取り出し

2-2-6 メンテナンス

教育機関や組織で運用されているPCの環境では，Windows UpdateやWindows Defenderによるメンテナンスについて，利用者が行う必要はない場合もありますが，個人が自宅や外出先で利用するPCなどについてはしっかりと行いましょう。

2章 Windows入門

◎ Windows Update

Windows 10では定期的に更新プログラムを確認するため，手動で確認する必要はありません。更新プログラムが利用可能な場合に自動的にダウンロードしてインストールされるようになっており，PCを最新の状態に保つようになっています。

ただし，インターネットへの接続が従量制で課金される場合には自動では行われませんので，［設定］，［更新とセキュリティ］，［Windows Update］を開いて，［更新プログラムのチェック］を選び手動で更新プログラムをダウンロードする必要があります。

図 2-16　Windows Update　→ 更新が必要

Windows Updateで「お使いのデバイスは最新の状態です」と表示された場合には，現在利用できるすべての更新プログラムがインストールされています。

図 2-17　Windows Update　→ 最新の状態

Windows10以前の場合ではWindows Updateを有効にして自動更新にするか，更新プログラムのインストール準備が整った際に通知されるようにしましょう。

そして通知がされた際には，なるべく早めに更新を行い，最新の状態を保つようにしましょう。

◎ Windows Defender

市販のウイルス対策ソフトウェアの利用もできますが，Windows10には，ウイルス，スパイウェアおよびその他のPCに望ましくない可能性のあるソフトウェアからPCを防御するWindows Defenderが標準搭載されています。ウイルスおよびスパイウェアなどを特定するために使用される定義ファイルは自動更新されるようになっていますが，インターネット接続を日常的に行っていないPCの場合には，最新の状態になっていない可能性がありますので，必要であれば手動で更新を行い

ましょう。また PC の使用中の保護（リアルタイム保護）が有効になっており、「お使いの PC は監視され、保護されています」と表示されていることを定期的に確認しましょう。

図 2-18　Windows Defender　→ 更新の確認

図 2-19　Windows Defender 画面　→ 最新・保護された状態

2章 Windows入門

2-3 Officeの基礎

この節ではMicrosoft Officeの基礎を学びます。

2-3-1 Officeとは

Officeとは，デスクトップPCやノートPCなどにインストールもしくはクラウドサービスで使用する文書作成や表計算，プレゼンテーションなどの様々な業務に必要なアプリケーションプログラム群の総称であり，最も代表的なものが，マイクロソフト社のMicrosoft Officeです。

2-3-2 リボンとアイコン

アプリケーションプログラムの起動と終了については，前節で取り扱っていますので，ここではWord起動後の基本画面を例としてリボンやアイコンについて紹介します。

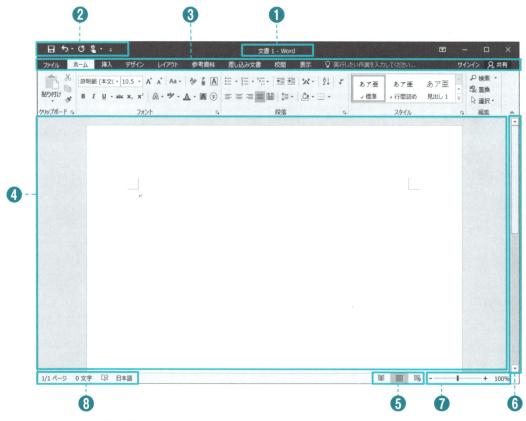

図2-20　Wordの基本画面

❶ タイトルバー	編集中の文書のファイル名と使用中のソフト名が表示されます。
❷ クイックアクセス ツールバー	［保存］や［元に戻す］などのよく使うコマンドや，タブレットやタッチパネルに適した表示モードとマウス操作に適した表示モードの切り替えができるコマンドアイコンが配置されています。右クリックして［ユーザー設定］を選び，好みのコマンドアイコンを追加することもできます。
❸ リボン	作業に必要なコマンドアイコンが操作の種類ごとにまとめられ，［ホーム］，［挿入］などの各タブに配置されています。タブをクリックすると，表示されるコマンド群を切り替えることができます。他のソフトや以前のバージョンのWordなどで"メニュー"や"ツールバー"と呼ばれている部分にあたります。右クリックして［ユーザー設定］を選び，好みのコマンドアイコンを追加することもできます。
❹ 編集画面	編集中の文書が表示されます。
❺ 表示ボタン	編集中の文書の表示方法を目的に応じて変更できます。
❻ スクロール バー	編集中の文書内の表示位置を変更できます。
❼ ズーム スライダ	編集中の文書の表示倍率を変更できます。
❽ ステータス バー	編集中の文書に関する情報が表示されます。

2-3-3 ファイルの保存と保護

編集したファイルを保存するには，次のように行います。

◎新しい文書のファイル保存

［ファイル］→［名前を付けて保存］もしくはクイックアクセスツールバーの［上書き保存］をクリックします。保存先とファイル名を指定して，［保存］ボタンをクリックします。保存するとWordの場合，通常「.docx」という拡張子がついて，アイコンもWord独自のものとなり他のファイルから簡単に識別できます。

図2-21　名前を付けて保存

2章 Windows入門

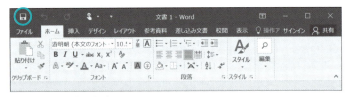 

図2-22 上書き保存

◎既存文書ファイルの更新

既存ファイルへの上書き保存で更新するには、［ファイル］→［上書き保存］もしくはクイックアクセスツールバーの［上書き保存］をクリックします。

◎新しくファイルを作る（別の名前を付けて保存する）方法

［ファイル］→［名前を付けて保存］をクリックします。保存先を指定して、ファイル名欄に現在のものとは別のファイル名を入力して、［保存］ボタンをクリックします。このときに保存する形式を選択することができますが、主として使用される形式には以下のものがあります。

上記①は、既存のファイルに別名を付けて保存するものです。②の形式で保存すると、今後作成する文書の書式設定に利用できるようにテンプレート（ひな型）として保存され、拡張子は「.dotx」となります。③は以前のバージョンのWordでファイルを開いたり編集したりするための形式に変換するためのものです。利用できる機能や項目に違いがあるため、その下位互換性を保つためのものです。以前のバージョンで作成したファイルを開くことも問題なくできますが、その場合は逆に①の形式でファイルを保存し直さない限り、互換モードでファイルを編集することになります。

◎既存文書の再編集

既存の文書を再度編集するために開くには、次のように行います。

- Wordから開く

　［ファイル］→［開く］をクリックするとダイアログが表示されますので、ファイルの保存場所を選び、開きたいファイルを選択して、［開く］ボタンをクリックします。

- **Word文書ファイルからのWord起動**

  編集したいWord文書ファイルをダブルクリックするか，右クリックして表示されるショートカットメニューから［プログラムから開く］を選択し，Wordを指定して［OK］をクリックします。

◎ファイルの保護

ファイルを保護することが可能です。作成途中のファイルの保管やメールに添付する際に，他人が内容を改ざんできないように，ファイルを開く際にパスワードを要求する，ユーザーが変更できる種類の設定や印刷ができないようにするなどが可能です。

保護を設定するには［ファイル］→［情報］を選択します。［文書の保護］の下矢印キーをクリックすると，保護の種類を選択することができます。

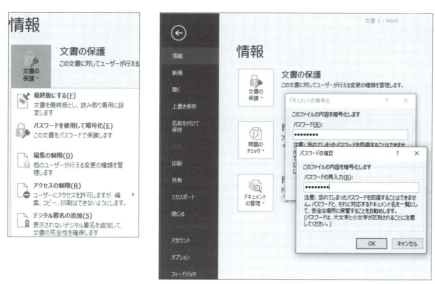

図2-23　ファイルの保護 - パスワードを設定する場合

2-3-4　ファイルの印刷

文書が完成したとき，あるいは下書きの段階で確認したいときなど，印刷を行った結果，思うように印刷されないということがよく起こりがちですが，ページ設定の間違いやプリンターがオンラインになっていなかったなど，些細なことが原因になっています。ここでは，印刷をするうえで，基本となる操作についてみてみましょう。

◎印刷

完成した文書を印刷するには，次のように行います。

1. ［ファイル］→［印刷 (P)］→［印刷 (P)］をクリックします。左側に印刷に関する設定が表示され，右側には印刷プレビューが表示されます。［ページ設定］をクリックすると，［ページ設定］ダイアログボックスが開きます。
2. ［印刷範囲］や［印刷部数］などを設定します。プリンターがオンライン（印刷可能）状態で，ページ設定で設定したサイズと向きの用紙がセットされているかを確認します。
3. ［印刷］ボタンをクリックします。

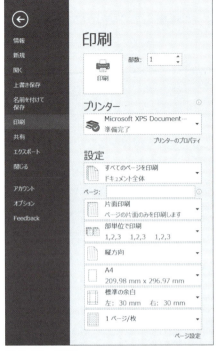

図 2-24　印刷

2-3-5　ヘルプの利用

操作で困った場合は操作アシストやヘルプを利用しましょう。

メニューバーには［操作アシスト］と呼ばれる「実行したい作業を入力してください…」と表示されているボックスがあります。このボックスに調べたい内容を，単語や文節あるいは文章で入力すると，質問内容に関連するトピックスが表示されます。

もし，表示されたトピックスに知りたい内容がない場合には，質問内容を変えて再度質問します。適当なトピックスが見つかったら，そこをクリックするとヘルプトピックスが表示されます。

また，ヘルプを表示させたいときは，「実行したい作業を入力してください…」ボックスに「ヘルプ」と入力すると，ヘルプが表示されますので，ボックス内に調べたい項目を入力するか，［ホーム］ボタンをクリックしてカテゴリを表示後，調べたい項目をクリックしてください。

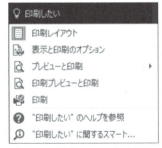

図 2-25　操作アシストの利用 -「印刷したい」と入力した場合

2-3-6 文字列（データ）の移動とコピー

入力済みの文字列（データ）の移動やコピーによって，データや文字の入力を効率的に行うことができます。

◎移動

文字列（データ）の移動は次のように行います。

1. 移動したい文字列（データ）を選択します。
2. 選択した文字列（データ）にポインタを移動し，マウスの右ボタンを押すと表示されるショートカットメニューから［切り取り］を選びます。
3. 移動先にポインタを移動して，マウスの右ボタンを押すと表示されるショートカットメニューから［貼り付けのオプション］を選びます。

図 2-26　切り取り

- **元の書式を保持** …… 移動元の書式情報を保持します。
- **書式を結合** ………… 移動先の書式情報を保持します。
- **テキストのみ保持** … テキスト情報のみを保持します。

◎コピー

文字列（データ）のコピーは次のように行います。

1. コピーしたい文字列（データ）を選択します。
2. 選択した文字列（データ）にポインタを移動し，マウスの右ボタンを押すと表示されるショートカットメニューから［コピー］を選びます。
3. コピー先にポインタを移動して，マウスの右ボタンを押すと表示されるショートカットメニューから［貼り付けのオプション］を選びます。

図 2-27　コピー

- **元の書式を保持** …… コピー元の書式情報を保持します。
- **書式を結合** ………… コピー先の書式情報を保持します。
- **テキストのみ保持** … テキスト情報のみを保持します。

2章 Windows入門

2-3-7 取り消しと繰り返し

◎取り消しと繰り返し

文書編集の際に，誤った操作をしたときの取り消し（元に戻す）や，同様の操作の繰り返しをボタン操作によって行えば，効率的に作業を行うことができます。

図 2-28　取り消しと繰り返し

2-3-8 検索と置き換え

◎検索

文字列の検索は次のように行います。

1. リボンの［ホーム］タブにある［編集］グループの［検索］をクリックします。

図 2-29　検索

2. ［ナビゲーション］ウィンドウの［文書の検索］ボックスに検索したい文字列を入力します。

図 2-30　ナビゲーション

◎置き換え

文字列の置き換え（置換）は次のように行います。

1. リボンの［ホーム］タブにある［編集］グループの［置換］をクリックします。

2. ［置換］タブの「検索する文字列」ボックスに検索したい文字列を入力し，「置換後の文字列」ボックスに置き換えたい文字列を入力して［すべて置換］をクリックします。なお一か所ずつ確認しながら置換するには［次を検索］をクリックし，置換する場合には［置換］を，しない場合には［次を検索］をクリックします。

図 2-31　置換

3章

インターネットとWWW

この章ではすでに社会インフラとして利用されているインターネットとWWWについて学びます。

3章 インターネットとWWW

3-1 インターネットの基礎

3-1-1 インターネットの歴史

　インターネットは複数のネットワークが相互に接続した地球規模の巨大ネットワークです。一般的な個人利用の場合，パソコンやスマートフォンなどの情報機器を自分が契約しているインターネットサービスプロバイダー（ISP）経由でインターネットへ接続して利用することがほとんどです。学術機関や政府機関などはそれぞれ専用のネットワーク経由でインターネットに接続しています。ネットワーク相互利用の観点から，ISPから先のネットワーク利用料金は相互負担しています。逆にネットワークにはそれぞれの運用ポリシーがあり，インターネット全体を管理する警察のような組織はありません。このインターネットは現在も新しいネットワークが接続され拡大しています。この世界規模のネットワークの歴史を振り返ってみましょう。

　インターネットの始まりとなるネットワークは1960年代前半にアメリカ国防総省高等研究計画局ARPA（Advanced Research Projects Agency）で計画されました。この頃は冷戦時代とも言われ，国防総省を中心に，戦争も念頭に置いた，一部が破壊されても機能するネットワークについての研究が始まりとされています。1969年には4つのコンピュータ間のネットワーク接続が開始され，ARPANETと呼ばれました。その後全米に広がりましたが，利用できるのは軍，国防総省，防衛研究を行っている大学に限定されていました。

　1970年代後半，ARPANETを利用できない大学などは，UUCPと呼ばれる電話回線を利用したネットワーク接続方法の開発やUSENET（User's Network）と呼ばれるネットワークの運用を開始します。さらに1981年以降にはCSNET（Computer Science Network）やBITNET（the Because It's Time NETwork）などのネットワーク運用が開始されました。

　1980年代初めにはARPANETはARPANETとMilnetに分割し，実験的な相互接続が実施され，ARPANETはDARPAインターネットに変化しました。1983年にはDARPAインターネットで利用されるプロトコルがTCP/IPへ移行され，1986年にはNSFNETが誕生し，アメリカの5つのスーパーコンピュータセンター間が接続されました。

　1990年3月にARPANETは解散し，1991年にはNSFNETの利用者増加によりCSNETが消滅しました。現在はさらに高速な研究用ネットワークとしてInternet2が運用を開始しています。

　このようなアメリカを中心としたネットワークに各国のネットワークが相互に接続されたネットワーク全体を現在インターネットと呼んでいます。これらの歴史的な発展状況はハフナー（Katie Hafner）とライアン（Matthew Lyon）によるThe Origins of The Internet（1996）＊に詳しく述べられています。

＊ 日本語訳は，加地永都子・道田豪 訳『インターネットの起源』，ASCII（2000）。

3-1-2 国内インターネットの歴史

1980 年頃，東京大学と京都大学からスタートした N1 ネットワークがほとんどの国公立大学といくつかの私立大学を接続しましたが，相手先計算機資源の利用が主なもので，電子メール機能はありませんでした。

1984 年に東京大学，東京工業大学と慶應義塾大学を UUCP で結んだ JUNET が動き始め，1988 年には企業も含めた TCP/IP で接続された WIDE インターネットが稼働しました。その後 1994 年に商用ネットワークとの相互接続が開始され，1995 年にマイクロソフト社から発売されたコンピュータ OS，Windows95 により，インターネット接続に必要なソフトウェアが標準で含まれていたことが追い風となって日本のインターネット利用が広がりました。

3-2 WWW の基礎

3-2-1 WWW とは

WWW (World Wide Web) とは，世界中に張り巡らされたクモの糸，といった意味の略称です。これはスイスの CERN (欧州原子核研究機構) で 1989 年から開発されたドキュメント管理システムです。さらにこの情報を表示するブラウザと呼ばれるアプリケーションプログラム Mosaic が 1993 年に米国イリノイ大学 NCSA で開発された結果，多くのインターネット利用者が WWW を利用するようになりました。現在利用されているブラウザには Internet Explorer，Firefox，Safari や GoogleChrome などがあります。

この WWW は文字・画像・動画など様々なメディアを扱うことが可能で，それ以前の専門的な知識が必要な文字中心の情報は徐々に少なくなっていきました。この流れは現在も続いており，インターネット＝ WWW と思っている人々も多いようです。

この WWW 情報を提供しているコンピュータを一般に WWW サーバーと呼びます。WWW サーバー名は，ドメイン名の最初に www を付けたものが一般的です。WWW サーバー内の情報は HTML と呼ばれる言語で記述されています。サーバー上での情報の位置や内容は URL で示されます。URL は Uniform Resource Locator の頭文字をとったものです。例えば日本の環境省の 2017 年 1 月 1 日現在のホームページの URL は次の通りです。

最初の http 部分はプロトコル名です。通常，http または https となっています。2つの違いは，WWW サーバーとブラウザ間の通信を暗号化して安全性（secure）を高めているのが https で，暗号化しないものが http です。個人情報を入力する際には https を使って通信した方がよいでしょう。https にするためには，サーバーにその URL が正しいことやその会社・団体が実在するかを，第三者が証明する証明書が必要です。また暗号化のため通信速度やサーバーの CPU パワーが必要なため，状況に応じて http と https を使い分けているサーバーが多いのですが，次第に https を利用するサーバーが増えています。次の部分はホスト名で最後がパス名となります。パス名は省略することが可能です。

ホスト名は世界で唯一であることが必要で，ドメイン部分とホスト部分に分かれています。ドメイン部分は ICANN と呼ばれる団体が管理しています。ICANN は各国にレジストラと呼ばれるドメイン名の登録申請を行う団体を認定しています。ドメインは後ろから国コード，例えば日本は jp，イギリスは uk など通常 2 文字です。ただし，インターネット発祥のアメリカは以前から国コードを使用していなかったため，現在も us を省略していることがほとんどです。次が組織を表すコードで，co は株式会社，or は各種団体，ac は教育・学術機関で，go は政府機関です。個人や一部の団体ではこの組織を示すコードを利用していない場合も多く見られます。ただし，ドメインはレジストラ経由で登録するための審査があり，個人が勝手に ac や go を名乗ることはできません。したがって，インターネットを利用した取引を行う場合，ドメイン名を確認し，日本以外の国コードを利用している場合，本社が海外に存在している可能性についても留意が必要です。

3-2-2 Web ブラウザの起動と終了

本書では WWW ブラウザとして Internet Explorer 11 を使用します。

Internet Explorer 11 を起動するには，スタート画面で［Internet Explorer］のタイルをタップまたはクリックする，またはタスクバー左端のクイック起動アイコンをクリックするか，［スタートボタン］をクリックし，スタートメニューからすべてのアプリ，［Windows アクセサリ］内の［Internet Explorer］をクリックします。

図3-1 Internet Explorer 11の起動

Internet Explorer が起動すると図 3-2 のような画面が表示されます。最初に表示されるページをホームページと呼び，利用者が設定することができます。

図 3-2　Internet Explorer 11 の画面表示例

Internet Explorer 11 を起動した際にはメニューバーが表示されません。そのため，図 3-3 のように画面上部の何も表示されない箇所でマウスの右ボタンをクリックし，最上部の［メニューバー］をさらにクリックして，メニューバーを表示させた状態で利用することとします。

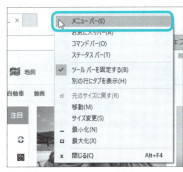

図 3-3　メニューバー表示

Internet Explorer 11 を終了する際は，図 3-4 のようにメニューバーの［ファイル］から［終了］を選択します。

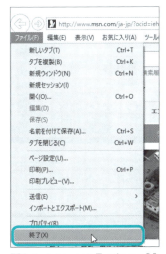

図 3-4　Internet Explorer 11 の終了

3章 インターネットとWWW

3-2-3 Webブラウザの概要

Internet Explorer 11の各部分について説明していきます。通常，ウィンドウの最上部には，**図3-5**のようにアドレスバーがあります。この下にInternet Explorer 11の基本的な操作をするための機能を呼び出すツールバー，コマンドバーやステイタスバーなどが表示されますが，タブレットなどの小さな画面では画面の有効利用のため，これらを表示させないようにすることが可能です。

図3-5 アドレスバー

アドレスバーの左右には，［ページの移動］ボタンや［再度読み込み］ボタン，および［読み込み停止］ボタンがあります。さらに［タブ］ボタン，［ホーム］ボタン，［お気に入りと履歴］ボタンや［ツール］ボタンなどが配置されています。

URLを入力するにはカーソルをアドレスバー上でクリックし，入力可能な状態にしてキーボードから直接入力します。**図3-6**では環境省のホームページのURLである「http://www.env.go.jp/」が入力されています。

図3-6 環境省URLの入力

この状態で Enter キーを押すと，**図3-7**のように環境省のホームページが表示されます。

図3-7 環境省のホームページ

基本的な操作は，メニュー画面や，キーボードによるショートカットキー入力でも可能です。

ページの移動については［戻る］と［進む］のクリックで前後のページに移動することができます。その他にも，**図 3-8** のようにアドレスバー横の［履歴］ボタンをクリックすれば，これまでに開いたページの履歴が一時的に記録されていますので，その中から希望のページを選択すれば移動することができます。

図 3-8　履歴

ところで，一度訪れたページを別の日に再度見てみたいとき，あるいは頻繁に訪れるページがあるような場合，いちいち URL を入力するというのは手間がかかります。Internet Explorer には URL を登録しておき，分類しておける「お気に入り」機能が備わっています。

登録しておきたいページを開いてウィンドウに表示した状態で，**図 3-9** のように［お気に入りに追加］ボタンをクリックして，［追加］を選択してください。

図 3-9　お気に入りに追加

3章 インターネットとWWW

　登録されたURLはお気に入りセンターをクリックすると表示されますので，表示させたいお気に入りを選択してください。

　また何かの拍子に，画面のフォント表示に問題が起き，日本語表示がされずに文字化けをしてしまい，画面が読めない状態になることがあります。そのような場合は，図3-10のようにメニューの［表示］→［エンコード］→［日本語（自動選択）］が選択されているかどうかを確認してください。

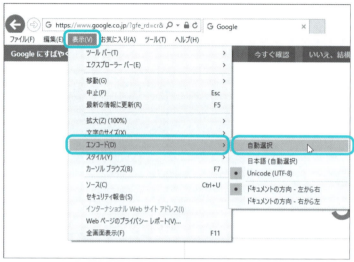

図3-10　エンコード選択

　もし選択されていなければ［日本語（自動選択）］を選択して，［再読み込み］をクリックしましょう。また複数のページを表示させたいときにはタブ機能を使うと便利です。新しいタブを表示させたいときは図3-11のように［新しいタブ］ボタンをクリックします。複数のタブを開いている場合，［クイックタブ］ボタンをクリックするとすべてのタブの表示が一覧で表示されるので便利です。

図3-11　［新しいタブ］ボタン

　WWWの記述言語であるHTML（Hyper Text Markup Language）の名前からも明らかなように，WWWの最も基本的な機能であるハイパーテキスト機能とは，ページ上の間での関連する言葉や画像などの項目やデータ，あるいは関連するページとページとを相互に結び付け，次々に情報を引き出すことができる機能のことです。このような情報の関連付けのことを「リンク」と呼び，関連付けることを「リンクを張る」などといいます。

　実際には，ブラウザの画面上でリンクが張られた項目は，カーソル（ポインタ）をその上に合わせると，図3-12にある枠囲み内のように手指のアイコンに変わります。

図 3-12　手指アイコン

　その状態でクリックすると，そのリンク先が別のホームページの場合，そのページが開きます。
　リンク先が別のホームページではなく，画像やデータであった場合には，ダウンロードするかあるいは適切なアプリケーションプログラムでそのデータを開くかどうかを質問するダイアログボックスが表示されます。その場合には，希望する処理を選択してください。
　また，リンク先のページを同じウィンドウに開くのではなく，いま開いているウィンドウとは別のウィンドウに新たに開きたい場合は，リンクのところで，右クリックすると図 3-13 のようにポップアップ・メニューが開きますので，[新しいウィンドウで開く]を選択してください。または新しいタブで開く場合は[新しいタブで開く]を選択してください。

図 3-13　ポップアップ・メニュー

3章 インターネットとWWW

3-3 情報検索の基礎

3-3-1 サーチエンジンとは

　インターネット，特にWWWは，ハイパーテキストによるリンク機能がその仕組みとして非常に重要な機能であると謳われてきました。リンクが張られている語句やページへと，マウスのクリック1つで次々にたどっていくことで様々な情報を入手することができるわけです。

　しかし，個人でリンクをたどっていって手に入れられる情報には限度があると同時に，膨大な情報の中で逆に目当ての情報に行き着くことができないということも往々にしてあります。そこでインターネット上に溢れる膨大な情報を集積して，そこから適切な情報を取捨選択することに特化した検索システムが開発されたのも自然なことでした。そのような検索システムのことをサーチエンジンといいます。

　サーチエンジンには様々な情報が集まり，インターネットの大海を航海するための海図であり羅針盤の役目を果たしています。インターネットに不慣れな人にとってはサーチエンジンこそ頼りになる強力な味方です。また最近では，サーチエンジンはインターネットへの入口あるいは表玄関という意味合いも込めてポータルサイトと呼ばれるようにもなっています。

　このようなサーチエンジンですが，様々なサーチエンジンが知られています。これらは，特徴によって大きく2つに分類することができます。

3-3-2 サーチエンジンの種類と特徴

　サーチエンジン（検索システム）は大きく分けて2種類あります。1つはディレクトリ型と呼ばれるもので，もう1つは全文（ロボット）検索型と呼ばれるものです。

　ディレクトリ型のサーチエンジンとは，通常の項目やキーワードによる検索以外に，様々な検索項目が特定のカテゴリごとに分類されているのが特徴です。そのカテゴライズされたディレクトリをさらにサブカテゴリへと降りていくことで，最初から検索の範囲を絞り込んでいくことが可能になっています。このカテゴライズの仕方はサーチエンジンごとに若干異なり，それぞれ特色を出しています。また登録されているデータベースに関しても，このディレクトリ型の場合は，登録を希望する個人や団体・組織が自ら各サーチエンジンへ登録したものを元にしており，したがって，登録されていないものに関しては検索できないようになっています。つまり，ディレクトリ型のサーチエンジンを利用する場合の利点としては，検索自体が容易であるということと，検索したい項目やキーワードのカテゴリに関してすでに的確な分類がなされているものについては，クリックだけである程度絞り込めるということが挙げられます。

　次に，全文（ロボット）検索型のサーチエンジンですが，これは，ディレクトリ型のサーチエンジンが登録希望者の情報を基本としてデータベース化されているのとは異なり，検索ロボットという検索

プログラムによって基本的にネットワーク上のすべての Web ファイルを根こそぎデータベース化しているのを特徴としています。したがって，登録されているデータの数は膨大で，またリンクが張られていないような隠しファイルのようなものについても，アクセス制限が特に設けられていない限り，すべてデータベースに登録されています。つまり，ロボット型のサーチエンジンでは，隠しファイルを含めた膨大な数のデータから検索をすることができるという利点が挙げられると同時に，（検索）項目をある程度絞って検索しないと，膨大な不要な項目までヒットしてしまい，逆に情報の洪水の中から目当ての項目に行き着けないことになる可能性もあります。

3-3-3 検索の種類と方法

全文検索型のサーチエンジンを利用する場合キーワードを利用しますが，複数のキーワードを指定するなど，いくつかの方法があります。

仮に A と B の 2 つのキーワードの両方を含んだ情報を検索する場合は AND 検索を用い，A と B いずれかのキーワードを含んだ情報を検索する場合は OR 検索を用います。他にも A が含まれる情報のうち B を含まない情報を検索する NOT 検索や，キーワードが完全に一致するものを検索する方法もあります。

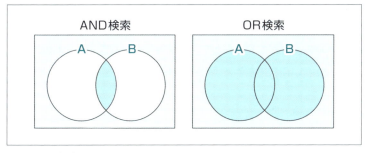

図 3-14　検索の種類

ここでは実際に Google を用いて，これらの検索を行ってみましょう。ただし，検索結果は日々変化していますので，例に挙げた表示と同一にならないことに注意してください。

3-3-4 Google における全文検索とオプションの設定

Web ブラウザから www.google.co.jp と入力し，Google のホームページを表示させます。

まず温暖化を検索します。検索ウィンドウに「温暖化」を入力します。このとき Google は他の利用者が入力したキーワードを提示してきますが，今回は利用しません。入力後，Google 検索ボタンをクリックします。

検索結果が表示され，検索にかかった時間（0.31 秒）や検索された件数（約 16,300,000 件）が表示されました。

3章 インターネットとWWW

図 3-15　温暖化検索結果

◎ AND 検索

　この中から「日本」のキーワードを含む AND 検索を行ってみましょう。すでに入力されている温暖化の後にスペースを1つ入れてから「日本」と入力することで AND 検索となります。入力後 Enter キーを押すと結果が表示され，件数が約 14,100,000 件と少なくなりました。

図 3-16　『温暖化 AND 日本』検索結果

◎ OR 検索

OR 検索の場合は，スペースではなく，OR の語句をキーワードの間に挟みます。同様に Enter キーを押した結果は約 1,770,000,000 件となり，一番多い件数を示します。

図 3-17 『温暖化 OR 日本』検索結果

◎ 完全一致検索

次に完全一致検索を行ってみます。キーワードの最初と最後にダブルクォーテーション（"）を入力します。ここでは"日本の温暖化"として検索してみます。その結果は最も少ない約 193,000 件数となりました。

図 3-18 日本の温暖化『完全一致』検索結果

3章 インターネットとWWW

◎検索のオプション

Googleでは，他にも検索のオプションを指定することが可能です。例えばデータが1か月以内に更新されたものや日本語で記載されたページのみを検索することも可能です。また文章だけでなく，関係する画像やファイル形式を指定して検索することも可能です。

図 3-19　Google 検索オプション

課題

以下の情報を検索するにはどのようなキーワードを入力すればよいでしょうか？

安全，安楽死，生きがい，育児，遺伝子，医療，インターネット，ウイルス，宇宙，占い，映画，映像，エネルギー，園芸，親子，オリンピック，音楽，改革，介護，外交，火山，家庭，環境，観光，危機管理，起源，技術，気象，気性，希望，教育，休暇，漁業，金銭，軍事，化粧，健康，原子力，憲法，航空，広告，交通，高齢化社会，語学，ごみ，娯楽，コンピュータ，災害，詐欺，差別，産業，時間，死刑，試験，事件，資源，仕事，地震，自然，市民，ジャーナリズム，社会，写真，自由化，就職，収賄，受験，出生率，消費，情報，食生活，女性，人権，人物

4章

電子メール

電子メールメッセージ（以下，電子メールとします）を送受信するためのアプリケーションプログラム（電子メールソフトウェア）には様々な種類のものがありますが，この章ではOutlookについて学びます。

4章 電子メール

4-1 電子メールの基礎

4-1-1 電子メールとは

◎**電子メールアドレス**

　電子メールを利用するためには，電子メールアドレスが必要です。電子メールアドレスは，電子メールを利用する個人を識別するためのユーザー名（注：ユーザー ID とも呼びます）と電子メールサーバーのドメイン名を"@"で結んだものです。

　例えば，sample_user@mail.noname-u.ac.jp という電子メールアドレスであれば，「日本の教育機関の名無し大学に所属するサンプルユーザーさん」というように理解できます。

◎**メールアプリと Outlook**

　Windows 10 に標準搭載されている「メールアプリ」でも電子メールの送受信はできます。PC の初回起動時に Microsoft アカウントを設定してサインインをしている場合には，「メールアプリ」での Microsoft アカウントに関する設定も必要ありません。しかし，電子メールのやり取りをする相手のアドレス情報の管理機能は別のアプリである「People」を使用しなければなりません。これに対して Outlook では，電子メールの機能の他に上述のように様々な機能をひとつのアプリで管理できます。

4-1-2 Outlook の主な機能

　Outlook を使うと，主に以下のようなことができます。

- **電子メール**　………　電子メールの送受信と管理ができます。
- **連絡先**　……………　メール機能と連携した個人情報の管理ができます。
- **予定表**　……………　日々のスケジュールを効率よく管理できます。
- **タスク**　……………　期限までに「To DO（やるべきこと）」を管理できます。

　Outlook はこのように幅広く用いることのできる機能をもっていますが，すべてを網羅することは紙幅の都合により不可能ですので，本書では最も基本的な電子メールと連絡先機能について学習します。

4-1-3 Outlookの初期設定

［スタート］メニューから Outlook 2016 を起動します。

図4-1　Outlookの起動

「Outlook 2016 へようこそ」の画面が表示された場合には，［次へ］をクリックします。

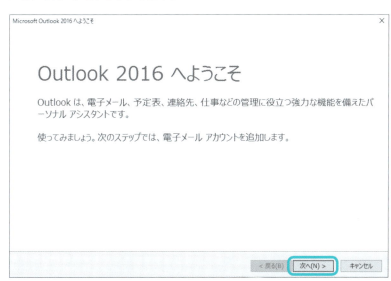

図4-2　ようこその画面

「電子メールアカウントの追加」画面で［次へ］をクリックします。

「自動アカウントセットアップ」の画面で，名前，電子メールアドレス，パスワードを入力して，［次へ］を選びます。なお，ここで入力した名前は，電子メールを受信する相手に表示されることになります。海外の相手と電子メールの送受信を行うことも考え，ローマ字表記にすることを推奨します。

4章 電子メール

図 4-3 アカウントの設定

「メールアカウントの設定が完了されました」と表示された場合には，［完了］をクリックします。

しかし，自動設定がうまくいかず「メールサーバーの設定を探しています…」の画面で「暗号化された接続を使用できません。暗号化されていない接続を使用するには…」と表示された場合には，［次へ］をクリックします。

「アカウントに接続できません。設定内容を確認…」と表示された場合には，詳細の設定をする必要がありますので，「アカウント設定を変更する」をチェックして，［次へ］をクリックします。

「サービスの選択」画面では，所属する組織や ISP（Internet Service Provider）から入手した情報をもとに選びます。

ここでは，例として「POP または IMAP」を選択して，［次へ］をクリックします。

図 4-4 サービスの選択

各種項目について設定を行いますが，その際の注意点を記します。

サーバー情報
- アカウントの種類 ……………「POP」あるいは「IMAP」を設定します。
- 受信メールサーバー ………… 受信の際に接続するサーバー名を記入します。
- 送信 (SMTP) メールサーバー … 受信メールサーバーと同名の場合もあります。

メールサーバーへのログオン情報
- アカウント名 ………………… 通常は，メールサーバーの認証に必要なアカウント名（@より左側）のみですが，組織やISPによって，電子メールアドレスすべてを記入しなくてはならない場合もあります。
- パスワード …………………… パスワードを記入します。実際に入力した文字は表示されず「＊」となりますので間違いのないように設定してください。

図4-5　メールサーバーの設定

その他，さらに詳細に設定変更する必要がある場合には，[詳細設定]をクリックしてください。特に送信サーバーの認証が必要かどうかやサーバーのポート番号については変更する必要がある場合があります。

4章 電子メール

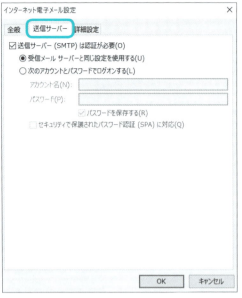

図 4-6 送信サーバー

図 4-7 詳細設定

図 4-8 テスト完了画面

「すべてのテストが完了しました。」と表示されたら [閉じる] をクリックします。

「すべて完了しました。」と表示されたら，[完了] をクリックします。

図 4-9 アカウント設定の完了画面

設定済みのアカウントが表示されたら，［開始］をクリックします。

4-1-4 Outlookの基本画面

Outlookのメールの基本画面を確認してみましょう。

基本的な画面構成については他のOffice製品と共通のため詳細については割愛しますが，Outlookのメールの固有の画面として以下のようになっています。

- ❶ **フォルダーウィンドウ**：フォルダーやアイテムが一覧表示されます。
- ❷ **ビュー**：メールが一覧表示されます。
- ❸ **閲覧ウィンドウ**：メールの内容が表示されます。
- ❹ **ナビゲーションバー**：メール，予定表，連絡先，タスクなど各機能の画面の切り替えができます。

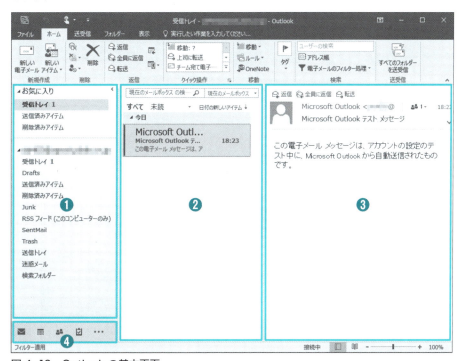

図4-10　Outlookの基本画面

4章 電子メール

4-2 電子メールの設定

4-2-1 電子メールの形式

　Outlookでは，電子メールを作成する際に［HTML形式］が既定の設定となっています。HTML形式ではテキストのフォントや大きさ，色などを設定することができます。しかし，受信する相手がHTML形式に対応した電子メールソフトウェアを利用しているわけではありませんし，セキュリティ上，HTML形式の電子メールでは受信拒否されることもありますので，［テキスト形式］の使用を推奨します。

◎テキスト形式の設定

　メール作成時に必要に応じて書式設定をテキスト形式に変更することができますが，すべてのメッセージの形式を変更する場合には，［ファイル］タブで［オプション］，［メール］をクリックして［メッセージの作成］の［次の形式でメッセージを作成する］欄で［テキスト形式］を選択します。

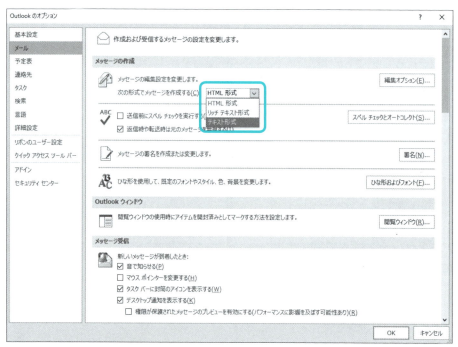

図4-11　メッセージの作成

4-2-2 署名の設定

　メッセージを送信する際に，メッセージの最後部に自動的に，送信者の情報を「署名」として挿入することができます。

署名を設定するには，以下の手順で行います。
1. ［ファイル］タブで［オプション］，［メール］をクリックして［署名］をクリックします。
2. ［署名］タブで［新規作成］をクリックして，署名の名前を入力します。
3. 「署名の編集」画面で署名として表示する内容を入力し，「既定の署名の選択」で，作成した署名の名前を選択して［OK］を選びます。

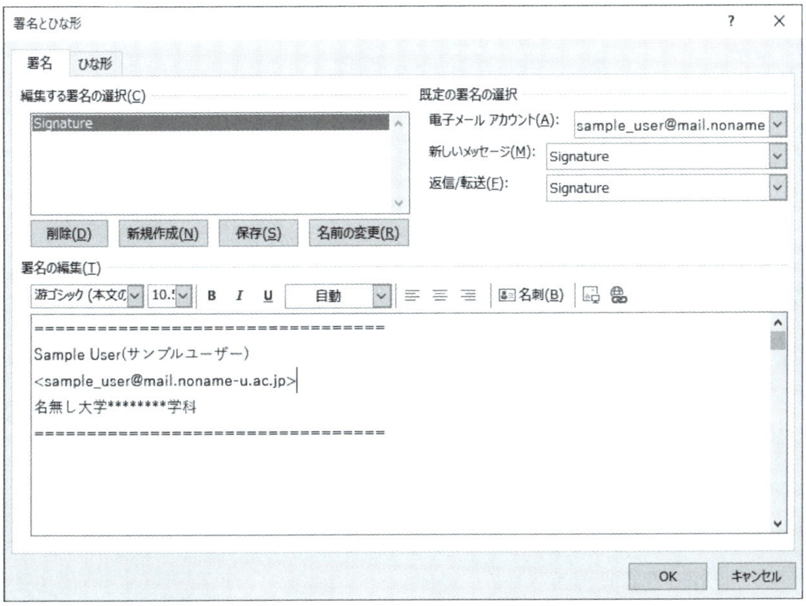

図 4-12　署名の設定

署名作成時には以下の点を考慮しましょう。

- メール本文と署名欄をわかりやすくするため，「-」や「=」，「*」などを連続して入力して区切り線を入れましょう。
- 署名欄に記載する情報として，氏名，メールアドレス，所属，住所，電話番号などがありますが，多くなりすぎないように区切り線を含めて4～6行程度にしましょう。

例として，以下のようなものが考えられます。

```
================================
Sample User( サンプルユーザー )
<sample_user@mail.noname-u.ac.jp>
名無し大学 ******** 学科
================================
```

4章 電子メール

4-2-3 迷惑メール対策

電子メールは，多数の宛先に対して同じ内容で簡単に送信できるので非常に便利ですが，その反面この機能を悪用した SPAM やウイルスメールなどの迷惑メールといわれるものがあります。Outlook にはこれらの迷惑メールへの対策機能がありますので，ぜひ活用しましょう。

◎迷惑メール対策の設定

Outlook では，以下の 4 つの処理レベルに基づいて，受信したメールを迷惑メールかどうか判断します。迷惑メールと判断すると自動で「迷惑メール」フォルダーに移動します。

❶ **自動処理なし**：「受信拒否リスト」にある差出人からのメールのみ迷惑メールと判断します。

❷ **低**：明らかな迷惑メールのみが対象となります。

❸ **高**：ほとんどの迷惑メールが対象となりますが，通常のメールも迷惑メールと判断されることがあります。

❹ **セーフリスト**：「信頼できる差出人のリスト」と「信頼できる宛先のリスト」から届いたメール以外は，すべて迷惑メールと判断します。

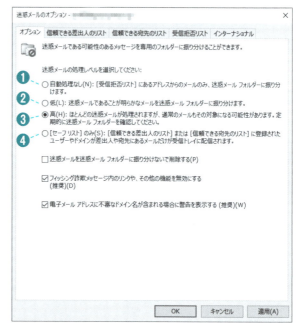

図 4-13　迷惑メールの設定

既定の処理レベルは，❶になっており実際には機能していない状態のため，［ホーム］タブで［迷惑メール］をクリックし，［迷惑メールのオプション］をクリックして，適切なものに設定の上，効果的に機能するように「受信拒否リスト」などを活用しましょう。

◎受信拒否リストの設定

処理レベルの設定後，通常のメールとして判断され「受信トレイ」の一覧に表示されたメールを，迷惑メールとして判断させたい場合には，対象メール選択後，［ホーム］タブで［迷惑メール］をクリックして「受信拒否リスト」に登録します。

［ホーム］タブで［迷惑メール］，［迷惑メールのオプション］をクリックして［受信拒否リスト］

タブを選択すると，登録したメールアドレスの一覧が表示されます。[追加] をクリックして手動で登録することもできます。また誤って登録してしまった場合には，このリストから削除をすることができます。

図4-14　受信拒否リスト

◎ **信頼できる差出人リストの設定**

処理レベルの設定後，迷惑メールとして判断され「迷惑メール」の一覧に表示されたメールを，通常のメールとして判断させたい場合には，対象メール選択後，[ホーム] タブで [迷惑メール]，[迷惑メールではないメール] をクリックして「連絡先からの電子メールも信頼する」にチェックを入れて [OK] をクリックします。対象のメールは「受信トレイ」に戻り，「信頼できる差出人リスト」に登録されます。

[ホーム] タブで [迷惑メール]，[迷惑メールのオプション] をクリックして [信頼できる差出人のリスト] タブを選択すると，登録したメールアドレスの一覧が表示されます。[追加] をクリックして手動で登録することもできます。また誤って登録してしまった場合には，このリストから削除をすることができます。

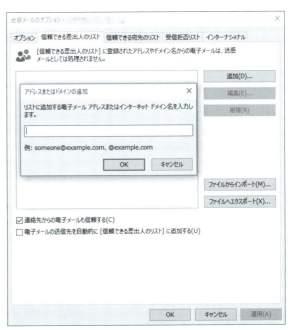

図4-15　信頼できる差出人のリスト

4-2-4 非表示画像の表示

迷惑メールの多くはHTML形式を利用して画像が多用されています。この画像を表示させるとメールを読んだことが相手に伝わったり，コンピュータウイルスに感染したりする危険性もあります。このためOutlookは，既定の設定では，HTML形式のメール内の画像が表示されないようになっています。

表示されていないメール内の画像を表示させるためには，［画像をダウンロードするには，ここをクリックします。プライバシー保護を促進するため，メッセージ内の画像は自動的にダウンロードされません。］をクリックして，［画像のダウンロード］をクリックします。

このとき，メールの差出人などについて，十分に配慮し，不用意にダウンロードしないようにしましょう。

メールの差出人を信頼できる場合には，［画像をダウンロードするには，ここをクリックします。プライバシー保護を促進するため，メッセージ内の画像は自動的にダウンロードされません。］をクリックして，［差出人を［信頼できる差出人リスト］に追加］をクリックして，［OK］をクリックします。この結果，同じ差出人からのHTML形式のメール内の画像は自動で表示されるようになります。

4-2-5 メールの自動送受信と誤送信対策

Outlookには，メールの定期的に自動送受信する機能や，誤って送信することを防ぐ機能もあります。PCの利用環境や利用者の必要に応じて設定するとよいでしょう。

◎メールの自動送受信

通常，メールの受信は，Outlookの起動時には自動で行われますが，起動後は［すべてのフォルダーを送受信］をクリックする必要があります。定期的に自動送受信をするように設定するには，以下のように行います。

1. ［ファイル］タブ，［オプション］，［詳細設定］をクリックして，［送受信］をクリックします。
2. 「次の時間ごとに自動的に送受信を実行する」をチェックして，10分おきに行いたい場合であれば，［10］分を設定し，［閉じる］をクリックします。

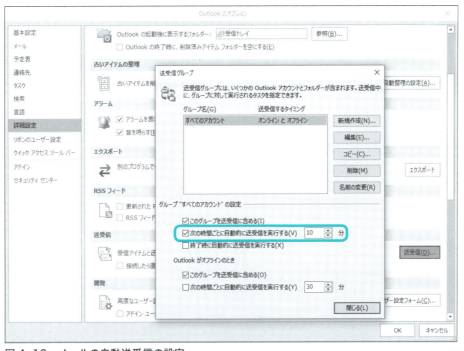

図4-16 メールの自動送受信の設定

なお、この設定はインターネットへ常時接続が行われている環境でのみ有効です。

モバイルPCやノートPCで外出時などの際にインターネットへの常時接続を行っていない場合にも、定期的な自動送受信を行いたい場合には、上記2の設定画面で、「Outlookがオフラインのとき」の設定の「次の時間ごとに自動的に送受信を実行する」をチェックして、30分おきに行いたい場合であれば、［30］分を設定し、［閉じる］をクリックします。これによって設定した間隔でインターネットへの接続が行われ、メールの送受信を実行します。

また、送受信の間隔を短くすると、ネットワークへの負荷が大きくなりますので、注意しましょう。

◎メールの誤送信対策

Outlookの初期設定の状態では、メールの送信操作をすると即座に送信されます。このため、宛先の誤りに気付いても、取り消しはできません。メールアドレスの入力ミスで、存在しない宛先であれば、不着となりエラーメッセージが表示されますので、やり直しができます。しかし、本来の宛先ではないメールアドレス宛に、大事な情報を送信してしまうと、大きな問題となることがあります。

そこで誤送信を防ぐために送信に関する設定を変更することができます。以下の手順で行います。

［ファイル］タブ、［オプション］、［詳細設定］をクリックして、「接続したら直ちに送信する」のチェックを外し、［OK］をクリックします。

この設定を行った後、メールの作成後、送信操作を行うと、実際の送信は実行されず、「送信トレイ」に保存されることになります。

4章 電子メール

「送信トレイ」をクリックすると未送信メールの確認ができますので，未送信メールをダブルクリックして再度宛先や内容を確認，修正のうえ，送信の操作をすれば送信が行われます。

なお，「接続したら直ちに送信する」のチェックを外してあっても，「次の時間ごとに自動的に送受信を実行する」をチェックが入っていると設定時間後にメールが送信されてしまいますので，十分に注意をしてください。

図4-17　メールの誤送信対策

4-3 電子メールの利用

4-3-1 メールの作成と送受信

電子メールの設定が終了したら，実際に送受信してみましょう。

◎電子メールの作成と送信

電子メールを作成するには，[ホーム]タブで，[新しい電子メール]をクリックします。

- [宛先]にはメールの受信者，[CC]にはメールのコピー送信先，または[BCC]（ほかの受信者に知らせずにコピーを送りたい相手先）欄に，メールアドレスを入力します。セミコロン（;）で区

切り，複数の受信者を指定することができます。

図 4-18　メッセージの作成

- 通常［BCC］欄は表示されていませんが，現在の電子メールおよびすべての電子メール作成時に表示されるようにするには，［オプション］の［フィールドの表示］で［BCC］をクリックします。
- ［件名］に件名を入力します。
- 本文欄に記入後，電子メールを送信するには，［送信］をクリックします。

- 電子メールの作成を中断して，後程再開したい場合には，メッセージウィンドウの［閉じる］をクリックすると，「Drafts」フォルダーに保存することができます。
- 下書きとして保存しておいた電子メールの作成を再開したい場合には，「Drafts」フォルダーのメールをダブルクリックします。

◎電子メールの受信

通常，Outlook を起動すると自動で受信が行われますが，すでに起動済みの状態で電子メールを受信するには，［ホーム］あるいは［送受信］タブで［すべてのフォルダーを送受信］をクリックします。

なおアカウントの設定時にパスワードの保存をしていなかった場合には，パスワード入力画面が表示されます。

受信したメッセージの件数が「受信トレイ」に表示され，ビューウィンドウに一覧表示されます。読みたいメールをクリックすると，閲覧ウィンドウにメールの本文が表示されます。

4章 電子メール

◎電子メールの返信

以下の手順で行います。

1. 返信したいメールを選択して[ホーム]タブの[返信]，[全員に返信]，または[転送]を選ぶと閲覧ウィンドウが返信メール作成画面に切り替わります。
   このとき宛先には選択したメールの差出人の電子メールアドレスが自動的に入力されます。受信者は，[宛先]，[CC]，[BCC]で追加または削除できます。また，件名には元のメッセージの件名の前に[RE:]と挿入され，元のメールの本文が，返信メール内に引用文として挿入されます。
2. 返信する本文を入力します。
3. [送信]をクリックするか，[ホーム]あるいは[送受信]タブで[すべてのフォルダーを送受信]をクリックします。

図4-19　返信

4-3-2 添付ファイルの利用

電子メールでは，画像ファイルや文書ファイルを添付して送受信することができます。

添付ファイルの機能は非常に便利ですが，見知らぬ人物や組織から添付ファイルが届いた場合には，コンピュータウイルスの可能性もありますので，不用意に保存したり開いたりせずに，即座に削除するようにしましょう。

なお，添付ファイルのサイズが大きいと送信ができなかったり，相手が受信するのに時間がかかったりすることがありますので，相手に了承を得るか，後述する方法で極力サイズを小さく（圧縮）するようにしましょう。また，メールサーバーには送受信可能なファイルサイズの上限が設けられていることがありますので，注意が必要です。

4-3 電子メールの利用

◎ファイルの添付

ファイルをメッセージに添付するには，メッセージ作成時に［メッセージ］タブで，［ファイルの添付］をクリックして，対象のファイルを指定し，［挿入］を選択します。

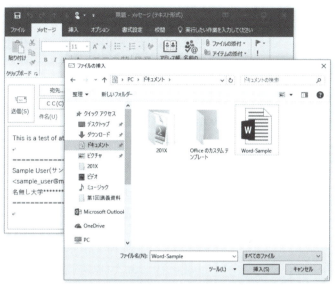

図 4-20　添付ファイルの選択

◎ファイルとフォルダーの圧縮

ファイルサイズを小さくする方法として，「圧縮」という方法があります。またフォルダーは添付することができませんが，「圧縮」することで 1 つのファイルにすることができます。「圧縮」するためには，対象のファイルもしくはフォルダーを右クリックして，［送る］から［圧縮（zip 形式）フォルダー］を選びます。

◎受信した添付ファイルの確認

ファイルが添付されたメールを受信した際に，特定のファイルは実際にアプリケーションプログラムを起動しなくても「プレビュー」の機能で，閲覧ウィンドウ内で内容を確認することができます。なお，この機能が使えるのは，画像ファイル，テキストファイル，HTML ファイルとなります。Office 製品で作成されたファイルは，そのアプリケーションプログラムが PC にインストールされていれば「プレビュー」可能です。ファイルの確認後，［メッセージに戻る］をクリックし［名前を付けて保存］をクリックします。

図 4-21　添付ファイルのプレビュー

4章 電子メール

図4-22　プレビューされた添付ファイル

◎受信添付ファイルの削除

本項の最初で述べたように送信者の怪しいものや不要な添付ファイルについては，[添付ファイル]タブで，対象のファイルを選択してから，[添付ファイルの削除]をクリックします。

◎受信添付ファイルの利用制限

Outlookでは，コンピュータウイルスを含む可能性のあるファイル（.exe，.bat，.vbs，.jsなどの拡張子）をブロックする機能があり，添付されていても表示されず利用することができません。差出人が信頼できて，添付ファイルとして受信する必要がある場合には，拡張子を変更するなどの対応が必要になります。

4-3-3　連絡先との連携

Outlookの機能の1つである「連絡先」では，相手の名前，住所，電話番号，メールアドレスなどの情報を登録して，「メール」と連携することで様々な活用ができます。

4-3 電子メールの利用

◎連絡先の基本画面

Outlook の連絡先の基本画面を確認してみましょう。

「ナビゲーションバー」で［連絡先］をクリックすると以下のような画面が表示されます。

基本的な画面構成については他の Office 製品と共通のため詳細については割愛しますが，Outlook の連絡先の固有の画面として以下のようになっています。

❶ **フォルダーウィンドウ**：フォルダーやアイテムが一覧表示されます。
❷ **ビュー**：登録された連絡先が一覧表示されます。
❸ **閲覧ウィンドウ**：選択された連絡先の内容が表示されます。
❹ **ナビゲーションバー**：メール，予定表，連絡先，タスクなど各機能の画面の切り替えができます。

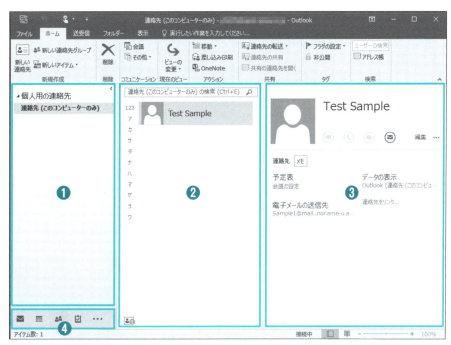

図 4-23　連絡先の基本画面

◎新しい連絡先の登録

［ホーム］タブの［新しい連絡先］をクリックすると，「連絡先」ウィンドウが表示されますので，相手の名前や住所などの情報を入力します。

［保存して閉じる］をクリックして登録すると「ビュー」の一覧に表示されます。

4章 電子メール

図4-24　新しい連絡先の登録

◎連絡先の編集

「ビュー」の一覧内の編集したい連絡先をダブルクリックするか，閲覧ウィンドウの［編集］をクリックします。

◎受信メールの差出人の連絡先への登録

［メール］の「ビュー」の一覧内の登録したい差出人からのメールを選択し，ナビゲーションバーの［連絡先］にドラッグアンドドロップします。

「連絡先」ウィンドウが表示されますので，必要に応じて情報を追加，修正します。

［保存して閉じる］をクリックして登録すると「ビュー」の一覧に表示されます。

◎連絡先の相手への送信メールの作成

連絡先の「ビュー」の一覧内のメールを送信したい相手を選択し，ナビゲーションバーの［メール］にドラッグアンドドロップします。

「メッセージ」ウィンドウが表示されますので，［件名］，［本文］を入力します。

メールの内容を確認した後，［送信］をクリックします。

4-3 電子メールの利用

◎一覧からの宛先の選択

電子メールを新規作成する際に，メッセージ作成ウィンドウで［宛先］，［名前の選択］をクリックすると「連絡先」に登録した相手が一覧に表示されますので宛先を選択し，［OK］をクリックします。

メッセージ作成ウィンドウの［宛先］に選択した宛先が入力されていることを確認してください。［CC］や［BCC］にも同様の手順で追加できます。

◎連絡先グループの作成

同じサークルやゼミナール，部署などのメンバー向けに同じ内容のメールを送りたいときなどには，「連絡先グループ」を活用すると便利です。「連絡先グループ」を作成するには，以下のように行います。

1. 「連絡先」画面の［ホーム］タブで［新しい連絡先グループ］をクリックします。
2. グループの名前を入力し，［メンバーの追加］，［Outlook の連絡先から］をクリックします。

図 4-25　メンバーの追加

3. 追加したい連絡先を選択します。Ctrl キーを押しながら選択することで複数のメンバーを一度に追加できます。
4. グループのメンバーが表示されますので，確認後，［保存して閉じる］をクリックします。

◎連絡先グループに対するメールの送信

電子メールを新規作成する際に，メッセージ作成ウィンドウで［宛先］，［名前の選択］をクリックすると「連絡先」に登録済みの相手先一覧内に表示された［連絡先グループ］を選択し，［OK］をクリックします。

メッセージ作成ウィンドウの［宛先］に選択した［連絡先グループ］が入力されていることを確認してください。

なお，この手順でメールを送信すると，メールの受信者はメールの宛先全員の名前やメールアドレスを知ることになりますので，注意が必要です。こうしたことを避けたい場合には［BCC］に同様の手順で［連絡先グループ］を追加できますので，［宛先］には自分自身や差支えのないアドレスを指定するとよいでしょう。

4章 電子メール

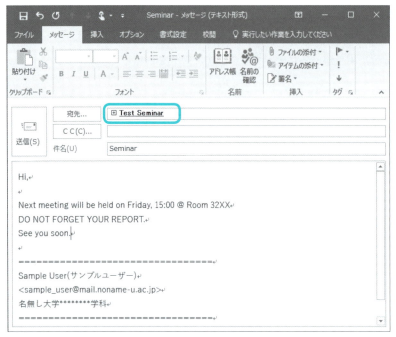

図4-26　グループに対するメール送信

課題

　これまで学習してきた内容をふまえて，友人やサークル，同僚を「連絡先」に登録して，さらに［連絡先グループ］に登録して，打ち合わせなどの会合に関する通知メールを作成し，送信してみましょう。その際に署名も必ずつけるようにしてください。

5章
情報セキュリティとコンプライアンス

この章ではコンピュータおよびコンピュータネットワークを利用する際のセキュリティとコンプライアンスについて考えます。

5章 情報セキュリティとコンプライアンス

　現代社会のコンピュータは，ほとんどの場合ネットワークに接続して利用されています。例えばコンピュータの利用を始める際に自分のユーザー名とパスワードを入力すると自分専用の環境が利用できるようになります。これは利用しようとしているコンピュータが利用者データを管理しているサーバーにユーザー名とパスワードが正しいかどうかを尋ね，利用者に設定されている権限などの情報をサーバーからネットワーク経由で入手しているからです。またインターネット上の情報を入手するためには，コンピュータがインターネットに接続されている必要があります。

　このように現在のコンピュータとネットワークは一体として利用されています。ネットワークに接続されているということは，情報を入手できると同時にコンピュータが外部から攻撃を受ける可能性があるということになります。最近のニュースでコンピュータからの個人情報の流失などが報じられていますが，これは利用しているコンピュータがネットワークに接続されているために発生します。これらの負の部分があったとしてもネットワーク利用によって得られるものの方が多い現在，ネットワークは危険だから利用しないという消極的な態度ではなく，正しい知識をもち自衛することを心がけてください。

　一方で，ネットワーク社会では手軽に情報発信ができるため，予期せぬ法律違反や倫理違反を起こす可能性があります。これらはコンプライアンス（法令遵守）とも呼ばれ，守らなければ自分自身や勤務先など所属するコミュニティの信用を失うことになります。正確な知識があればコンプライアンス違反を起こすようなことはありません。ネットワーク上の社会も現実社会と同様であり，ネットワーク上の社会では何をしても良いという考えは絶対にもたないでください。自分の行為に責任をもつことが重要です。

5-1 コンピュータセキュリティ

　自分が利用するコンピュータを守るために第一に行うことは，利用するユーザー名とパスワードをきちんと管理することです。利用するユーザーが異なれば，同一のコンピュータ上にあるデータでも設定しない限り他の利用者が，その内容を見たり改ざんしたりすることはできません。学校に設置してあるコンピュータなどでは，ソフトウェアのインストールや設定は管理者のみができるようにし，一般利用者がソフトウェアのインストールをできないようにしたり，保存データの容量や場所を制限したりしています。またインターネット上も現実社会と同様に様々な脅威が存在します。例えばマルウェアと総称されるウイルスやスパイウェアなどの悪意をもった意図によるソフトウェアにより，被害者や知らないうちに加害者になることもあります。被害に遭わないためには正確な情報や対策が必要です。

5-1-1 コンピュータウイルス

　コンピュータウイルスとは人間における疾病原因であるウイルスのコンピュータ版で，第三者のコンピュータ上でプログラムを実行し，実行したコンピュータに被害を与え，さらに自己増殖を意図したプログラムのことです。

侵入経路

- メールに添付したファイルを実行させる方法
- Webページに仕込まれたファイルを実行させる方法
- OSまたはプログラムに存在する脆弱性を利用する方法

こういった方法などが報告されています。

対応策

- 知らない人からのメールに添付されたデータをむやみに開かない。逆に知人に添付ファイルを送る際は事前に知らせることも必要かもしれません。
- 知らないホームページ上のボタンやリンクをむやみにクリックしない。動画再生ボタンがウイルスソフトダウンロードのリンクかもしれません。
- OSやプログラムを定期的にアップデートして脆弱性の危険性を少なくする。利用するOSやプログラムの脆弱性情報を調べ，必要なアップデートやバージョンアップを行いましょう。
- ウイルス対策ソフトを導入し，定期的にアップデートする。脆弱性情報は利用しているプログラムのサポートページや次のURLの情報が役立ちます。

> https://jvn.jp/cert/index.html

　ウイルス対策ソフトをインストールした後は，定期的にアップデートしましょう。ウイルス対策ソフトはウイルス情報のデータベースをもち，このデータベースを用いて電子メールやコンピュータ内のデータをスキャンし，ウイルスを発見し感染を予防します。しかしデータベースにないウイルスを発見することはできませんので，データベース更新のため定期的にアップデートする必要があります。

- 重要なデータはバックアップを心がける。

　不幸にしてウイルスに感染した場合，状況によってはウイルス対策ソフトによって修復することも可能ですが，修復できない場合は該当コンピュータを一度初期化する必要があります。必要なデータを失わないためにも定期的にデータのバックアップを心がけてください。また被害にあった場合は該当するコンピュータの管理者に状況を報告しましょう。

5-1-2 なりすまし

　他人になりすまして，個人情報などを盗み悪用する事件が発生しています。電子メールのユーザーIDとパスワードを何かの方法で得て，この人になりすましてメールを出して個人情報を得ようと試みます。一種の"おれおれ詐欺"のようなもので怪しいと感じたらメールに対して反応せずに，電話やその他の方法で確認するなどの用心深さが必要です。ちなみにメールの送信元を改ざんして，他人にな

りすますことは電子メールの仕組み上，比較的簡単に行うことが可能です。メール以外にも電話などで相手の情報を聞き出すこともあります。このため管理者は一般にメールや電話でのパスワードや個人情報の問い合わせを受け付けません。

なお，不正に他人のIDおよびパスワードを入手したり，利用したりすることは不正アクセス禁止法に違反する犯罪です。

5-1-3 フィッシング

フィッシング（PHISHING）とは釣り（fishing）と洗練された（sophisticated）からの造語で、ユーザーID，パスワードやクレジットカード情報などの重要情報を，力ずくやなりすましなどではなく，洗練された手法で不正に釣り上げる（入手する）詐欺行為です。例えば，銀行からセキュリティ向上のため、クレジットカードのパスワードを変更してくださいというメールが届き，そのメールをクリックすると偽のホームページが表示されるとします。そこに入力された口座情報と暗証番号を入手して預金を不正に送金されたり，クレジットカードで勝手に商品を購入されたりしてしまうなどの手口があります。また最近はネットワーク上のオークションでも被害が報告されています。

対策方法
- むやみにリンクやOK（はい）をクリックしない。
- 対策としては怪しいメールにはすぐに反応せず，電話など別の手段でも確認する。
- 個人情報の入力/修正を要求するメールには特に注意する。
- 銀行など普段から利用しているサイトはメールのリンクを利用せず，直接URLを入力する。
- SSLなどの暗号化がきちんとされているか確認する。

以上のように，利用者が注意深く行動することが必要です。

さらに詳しいフィッシングサイトに関する情報は下記のURLを参考にしてください。

> **フィッシング対策協議会のページ**
> https://www.antiphishing.jp/

5-1-4 迷惑メール（SPAM）

迷惑メールはSPAMとも呼ばれるインターネット上のダイレクトメールの一種です。SPAM自体は豚肉缶詰の商品名ですが，イギリスのTV番組でSPAMを連呼し，必要もないものをしつこく迫って購入させるのが由来と言われています。インターネット上のメール送信単価は郵便などのダイレクトメールと比較して非常に安いため乱用されている状態です。自宅に来るダイレクトメールを防ぐ手段がほとんどないように，インターネット上のダイレクトメールであるSPAMを防ぐ効果的な方法も

ありません。SPAM 送信元を突き止めてやめさせるのが根本的な解決策ですが，海外からの送信だったり，送信元をたびたび変更されたりするなどで突き止めることが難しいのが現状です。対処方法としては SPAM 発信元のメールを受け取らないようにしたり，メールの中身を確認して SPAM と判断したりするなどの方法があります。しかし，メールの内容から SPAM を判断する手法はメールの検閲になりかねないとの判断もあり，対応方法もプロバイダーなどにより異なっています。一般ユーザーのメーラーソフトでは SPAM メールを選別するものもありますので，これらのメーラーを利用するなどの自衛をしてください。また SPAM に対して苦情や文句のメールをすることは，そのメールアドレスが利用されていることを相手に知らしめるだけですので無視して削除する対応が一般的です。

SPAM ブロック機能付属のメーラー例

> **マイクロソフト社の Outlook　迷惑メールフィルター機能**
> 　http://office.microsoft.com/ja-jp/outlook/
> **アップルの MacOS X 付属の Mail プログラム**
> 　http://www.apple.com/jp/support/mac-apps/mail/
> **thunderbird**
> 　http://www.mozilla-japan.org/products/thunderbird/

5-1-5 不正（架空）請求

　以前話題になった，実際に利用もしていないダイヤル Q2 利用料の未払いの督促や電話をかけると自動的に海外に接続され高額な国際電話料を請求されるなどの不正（架空）請求がありましたが，ネットワーク上でも同様な不正請求が知られています。

　電子メールで利用した覚えのないサービス料の請求や，ワンクリック詐欺と呼ばれるホームページ上で何気なくボタンをクリックしたためにサービス料を請求されるといった事例です。メールなどで請求が来ても身に覚えのないことであれば無視するのが一番です。気になって相手に連絡すると返ってこちらの情報を相手に与えてしまうことになります。ホームページにアクセスすると利用しているブラウザの種類やアクセスしているコンピュータの IP アドレスは相手に通知されますが，この IP アドレスから何処に住んでいて何という名前かという情報は自分が契約しているインターネットサービスプロバイダー以外にはわかりません。インターネットサービスプロバイダーが犯罪捜査以外に利用者の情報を提供することは法律で禁止されていますので，不正請求業者がこれらのデータを入手することはあり得ません。

　不正請求に遭わないためには，怪しいサイトでむやみにクリックをしないことが重要です。また次に示すサイトにはさらに詳しい情報がありますので参考にしてください。すでに同様な手口が報告されているかもしれません。

5章 情報セキュリティとコンプライアンス

> 国民生活センター　インターネットトラブル
> http://www.kokusen.go.jp/topics/internet.html
> 警察庁インターネット安全・安心相談
> https://www.npa.go.jp/cybersafety/

5-1-6 DoS攻撃とボットネット

　DoS（Denial of Services）攻撃とは，ネットワークを通じて相手のコンピュータやネットワーク機器に多量のデータを送信するなどの方法により，相手のコンピュータを利用できなくさせる攻撃のことです。例えば，Webサーバーに一度にたくさんのユーザーが接続したような状況にし，本当にそのWebページを閲覧したい人が閲覧できないようにします。地震の後，災害地に電話をすると電話回線が輻輳という状況でつながりにくくなりますが，これと同様の状況です。

　DoS攻撃は大量のデータを相手に送りつけるわけですが，この攻撃に利用されるプログラムをボット（bot）といいます。ボットはロボットからの造語で，ウイルスや脆弱性を利用して外部から侵入します。また，ネットワーク経由で操られるこのボットの集合ネットワークをボットネット（bot net）と呼びます。ボットに感染すると自分が被害者であると同時に加害者になってしまいます。対策方法はウイルスと同じと考えてください。

5-1-7 スパイウェアとアドウェア

　スパイウェア（spyware）とは，コンピュータ上で動作するプログラムでコンピュータ内の個人情報や利用情報などを収集して外部にそのデータを送信するものです。一般にあるソフトウェアをインストールする際に，利用者情報を収集してマーケティングに利用することを目的とした，スパイウェアのように動作するプログラムでも許諾を求める画面が表示されることがあるため，明らかな違法ソフトといえない側面がありますが，プライバシーの側面から問題視されることが多いソフトウェアです。

　アドウェアとは広告の表示などを条件に，無償または非常に安価に利用できるソフトウェアのことです。広告表示や表示に対する反応を収集することからスパイウェアの一種とみなすこともあります。

　マイクロソフト社では無償でこれらのソフトウェアを除去するWindows Defenderというソフトウェアを提供しています。

> https://support.microsoft.com/ja-ja/help/17464

　ここに挙げた以外にもインターネット上では様々な脅威が存在します。インターネットを仮想社会と呼ぶ人もいますが，この仮想社会も現実社会と同様の危険が存在します。インターネット上にだけ存在する「うまい話」というものはあり得ないと考えるべきでしょう。

5-1-8 ユーザーIDとパスワード

　コンピュータを利用するには一般にユーザーIDとパスワードが必要で，この2つのデータで利用の可否を判断しています。すでに説明したようにインターネット上には様々な脅威があり，ユーザーIDとパスワードが流失すると大変脆弱なものとなります。利用者各自がこの点に留意し情報資源が脅威にさらされないためにユーザーIDとパスワードの管理に充分注意する必要があります。

　ユーザーIDはコンピュータネットワーク上の表札であり，パスワードはサーバーに入るための鍵です。これを銀行口座に例えれば，ユーザーIDは口座番号で，パスワードは暗証番号と同じです。他人にお金を振り込んでもらうとき口座番号は知らせても暗証番号は知らせません。電子メールを送ってもらう場合も口座番号であるユーザーIDだけを知らせればよく，パスワードは他人に教えてはいけません。

　ネットワークは本来善意を基礎とする信頼関係の上に成り立っているわけですが，現実の世界と同じように，ネットワークにアクセスしている人のすべてが善人であるとは限りません。したがって，現実社会で窃盗，強盗，ストーカーが社会や個人に被害を与えるのと同様に，コンピュータの世界でも，ネットワークを介してコンピュータシステムに入り込み，ファイルを覗き見，盗み，場合によっては破壊し，悪戯をするクラッカーと呼ばれる人々がいます。クラッカーの行うそのような行為をクラッキングといいます。個人の情報を守るためだけではなく，システム全体のセキュリティを高めるためにもユーザーIDとパスワードの管理には充分留意してください。

　現在ではコンピュータシステムのクラッカー（コンピュータシステムにネットワークを介して入り込み，ファイルを覗き見る，盗む，悪戯をする人）のクラッキングに遭わないようにするために，高価な装置とソフトからなるファイアウォールが開発され，クラッキング被害の増大とともにその機能強化が進み経費が高騰しています。クラッカーに不正侵入を許すきっかけとしては，システムの欠陥というよりは，利用者の不注意（パスワードのずさんな管理）によるものの方が数十倍多いといわれています。いかに高価なファイアウォールを準備したとしても利用者のちょっとした気の緩みがあったのでは何もなりません。たとえあなたが「自分のファイルは他人に見られたり壊されたりしても困らない」と思って，パスワード管理を疎かにすることは許されません。誰か一人のパスワードが破られてクラッカーに侵入されると，そのシステムのすべての利用者のパスワードが危険にさらされます。

　下記のいずれかに該当する方は要注意です。
　① ユーザーIDと同じものをパスワードとして使っている。
　② 家族やペットの名前，電話番号，アイドル歌手や趣味に関連した名前・ものをパスワードに使っている。
　③ 辞書に載っている単純な単語を使っている。
　④ 同じパスワードを長期間使い続ける。
　⑤ パスワードの入力時，他人に見られる。
　⑥ 他人に漏らす。
　⑦ 手帳やファイルにメモしておく。

5章 情報セキュリティとコンプライアンス

それでは，どんなパスワードがよいパスワードでしょうか？
ひとつの考え方として，以下が考えられます。

> 大文字や小文字を混在させる。
> １つ以上の数字や特殊文字を入れる。
> ２つの関係ない単語を並べる。

上記③への対応として，複数の単語を組み合わせて使う，それも何の連想も催させない単語を組み合わせて使うのはよいパスワードかもしれません。また上記⑤で，他人に見られても覚え切れないスピードでパスワードを入力できるよう，日ごろから練習しておくことも対策になります。

ただ，いかによいパスワードを作っても自分で覚えられないようなパスワードはつけないでください。一度忘れるともうログインできなくなります。

またパスワードの安全性を推定するサービスを行っているサイトがあります。このサイトで自分のパスワードの安全性を確認するのも参考になるでしょう。

> マイクロソフト社提供パスワードチェッカー
> https://www.microsoft.com/ja-jp/security/pc-security/password-checker.aspx

さらに，同一 ID やパスワードを様々なサイトで使い回していると，ID やパスワードが漏れた際の影響が大きくなりますので，使い分けることを考慮しましょう。また定期的にパスワードを変更することも有効な対策です。

5-2 コンプライアンス（法令遵守）

インターネットにおける特徴に匿名性とデータのデジタル化が挙げられます。インターネットはその成立の初期段階においては現実社会に対し，仮想社会として発展してきました。この発展の際に，匿名性は，表現の自由の実現に寄与し，人種そして地位や立場といった現実社会のしがらみを持ち込ませず，純粋に平等な社会の様相を呈していました。したがって，様々な意見や議論が行われ，建設的な活動が行われてきたといえるでしょう。しかし，最近はこの仮想社会が単なる閉じた世界ではなく現実社会に対して大きな影響力をもつようになり，相互に関係したりするようになってきました。

例えば，匿名性を利用して，他人の誹謗中傷を電子メールやホームページを利用して行うことや，商品の発送をせずに金銭をだまし取る詐欺事件，そして，通常入手が難しい薬品などの商品が販売され，それを服用して自殺を図った事件など，現実社会と同様か，いままでになかった種類の犯罪や事件が起きるようになってきました。またデータのデジタル化は，コンピュータウイルスのインターネットを利用した伝搬や，映像・音楽データの配信などによる知的所有権の侵害などを引き起こしています。

インターネットには自己責任の原則があるとされていますが、様々な問題に巻き込まれないように注意すべきことについて説明しましょう。

5-2-1 著作権

インターネット上の情報について以前は利用者が自分の意志でアクセスして、はじめてその内容を見ることができるようになるため、雑誌・書籍型の情報とみなされていた時期がありました。しかし、1998年1月1日施行の改正著作権法から、一般公衆放送と同様と考えられるようになってきました。さらにインターネット上は仮想社会ではなく現実社会と同様とみなされてきています。したがって、インターネット上の情報については、表現の自由と知的所有権の両方について考慮する必要があります。

特に最近行われた著作権法改正はインターネットについて考慮した内容になっています。以前は利用者に対して無料で情報提供をしているのものは著作権について問題ないと考える向きもありましたが、実際は充分注意する必要があります。また電子書籍などの電子出版についても明確に定義されるようになりました。

さらにTPP（環太平洋パートナーシップ）協定が発効すると、著作権が参加国間で統一されることが想定されます。著作権保護期間が異なったり、刑事手続の取り扱いが変更されたりした場合、これまで問題にならなかったことが、犯罪として取り扱われる可能性があります。

日本の社会では形あるもののほとんどに所有権が存在します。例えば、自転車や自動車など形あるもので所有者のないものはあり得ないでしょう。また日本中、土地の所有者は権利書により確認されます。これに対して形のないもの、例えば楽曲などの所有権や商標と呼ばれる商品名などを知的所有権と呼んでいます。

知的所有権は図5-1のように分類されますが、主に文化の発展のために著作権が、そして商工業などの産業発展のために工業所有権があります。この2つの大きな違いは、工業所有権は申請を行わないと認められませんが、著作権は申請の必要はなく認められることと、またその権利が50年間限定で守られることです。

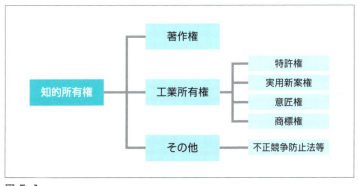

図 5-1

5章 情報セキュリティとコンプライアンス

　知的所有権は原則として属地主義と呼ばれ、創造が行われた国の法律と保護が与えられますが、様々な国際条約により多国間での権利が認められています。国際的な知的所有権保護はベルヌ条約と国連専門機関のWIPO（世界知的所有機関）、著作権条約によって行われています。

　知的所有権のうち著作権について、もう少し詳しく説明しましょう。著作権は**図5-2**に示すように著作者の権利の1つです。これは知的な活動で得られた創造物の権利を守り、その報酬を著作者が請求できるようにして知的創造を促進させることを目的としています。ただし、このような創造物は人類共有の財産でもあると考え、50年間限定で著作者の権利を守り、50年を過ぎたら誰でも自由に利用できるというものです。最近は国により50年以上の長期保護をする場合もあります。この著作権には複製権などの様々な権利があり、創造物の財産的な権利・利益を守るものです。したがって、著作権を犯した場合、刑事罰は非常に重く、3年以下の懲役または300万円以下の罰金とされています（著作権法第百十九条）。この罰則は暴行・脅迫の2年以下の懲役よりも重いものです。さらに、2007年7月には個人の著作権侵害に対して、最大10年以下の懲役または1,000万円以下の罰金に、法人の侵害には3億円以下の罰金に改正されました。

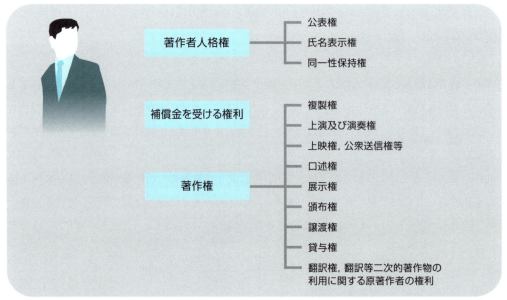

図5-2　著作者の権利

　これまで著作権法であまり問題とされてこなかった私的利用による複製に関しても、1999年の改正著作権法で技術的保護手段を講じてあるものに関してはできなくなりました。これは現在販売されているコピープロテクトが施されたゲーム用CD/DVDのコピー装置や、映像・音楽データのインターネット配信などを考慮したものと思われます。さらにこれまでインターネット上からデータをダウンロードする際に、著作権処理をしているかどうかを知らずにダウンロードした場合に法律違反を問われることはありませんでした。2012年10月の著作権改正では、私的使用目的でも有償で提供され

ているデータが，無断でアップロードされていることを知りつつ，録音・録画などをした場合，2年以下の懲役もしくは200万円以下の罰金が科せられることとなりました。インターネットの場合，友人にゲームや楽曲のデータなどをメールに添付して送信することは，著作権法で認められている私的利用のための複製（著作権法第三十条）にはなりません。また個人的に利用する場合でも，文書や図画以外のものをコンビニエンスストアなど公共のコピー機で複製することは禁止されています。

コンピュータを利用するとき，不法にコピーされたソフトウェアを利用することは大変大きな問題です。不法なコピーと知りながら利用した者もコピーした者と同等の扱いで処罰されます（著作権法第百十三条）。学生に対しては通常の価格ではなく大幅に割り引かれた学生価格でソフトウェアが販売されていますのでこれを利用すべきです。コピーが蔓延すれば開発者のプログラム開発・改良の意欲を削ぎ，新しいソフトウェアが開発されなくなったり，価格が高騰したりして，結果的に我々利用者が不利益を被ることになるでしょう。ソフトウェアの不法利用の賠償金最高額は1996年にあるソフト会社が正規利用額の約2倍に当たる1億4,000万円を支払って和解したものがありますが，当然個人にも同様な支払い要求が考えられます。

また，ホームページの情報も官公庁などを除き著作権に守られていますので，勝手にダウンロードして再利用することはできません。反対に自分でホームページを開設した場合，このホームページに本人が作成したもの，または著作者に許諾されたもの以外をサーバーに置くことも著作権法を犯すことになるので充分に注意してください。

日本では形のないものにお金を払うなんて馬鹿ばかしいという風潮がありますが，今後，知識などの形のないものの価値が増していくことは間違いないでしょう。著作権についてさらに調べてみたいときには次のサイトが参考になるでしょう。

公益社団法人　著作権情報センター　http://www.cric.or.jp
文化庁　http://www.bunka.go.jp

5-2-2 ネットワーク犯罪

ネットワークとコンピュータを利用した犯罪は，これまではネットワークが社内もしくは会社の本支店間などで閉じたもの，いわゆる専用線利用がほとんどであったため，銀行員がオンライン端末を操作しての架空振り込みや，顧客情報などの社内機密の流失といった事件が知られています。しかし，誰でも参加できるインターネットを利用した犯罪が最近増えてきています。

警察庁によれば1997年83件，1998年116件，そして2013年には8,113件もの犯罪が報告されています。1998年の犯罪内訳はわいせつ物配布等（80件），詐欺事件（11件），著作権法違反（17件）そして名誉毀損（2件），その他となっています。2013年の犯罪内訳はわいせつ物配布

5章 情報セキュリティとコンプライアンス

等（781件），詐欺事件（1,357件），著作権法違反（472件）や出会い系サイト規制法違反（363件），青少年保護育成条例関係（955件），その他となっています。不正アクセスとして報告された件数は2005年592件，2006年946件そして2007年1,818件と増加傾向にあります。2007年の不正アクセス行為の内容はインターネットオークションの不正操作1,347件，オンラインゲームの不正操作246件，インターネットバンキングの不正送金113件などとなっています。また2007年に検挙された件数は1,442件で，検挙者は126人に上っています。検挙はその後も増加を続け，2012年に7,334件，2013年には8,113件となっています。つまりインターネット上の社会は仮想社会ではなく，現実社会と同様に犯罪が起こっているということです。わいせつ物の配布，著作権法違反，そして名誉毀損など自分自身が起こす可能性のある犯罪もありますし，逆に詐欺事件など自分自身が被害者になる可能性もあることに注意しましょう。

　これらの被害に遭わないためには現実の社会と同様で，簡単にお金がもうかるなどといった常識で考えてあり得ない内容の話にはのらないことです。インターネット社会だけにある特殊なうまい話はないと思ってください。

　また現実社会で暗い夜道や怪しげな場所に近づくときには注意すると思いますが，インターネットの場合，ホームページに連絡先が明記していなかったり，特定できなかったりする団体や会社が提供している情報がこれに相当しますので充分注意しましょう。内容や提供者を確認する意味でも一度メールを出してきちんとした回答メールが来るかを確認すべきでしょう。このことはインターネット上の商品の売買には特に重要です。インターネット上では他人を確認する手段が少ないため，簡単に他人や他の団体のなりすましが可能なのです。

　また，通常ではインターネット上のデータは平文で流れていますので盗聴も簡単にできてしまいます。したがって，代金引換などのリスクの少ない方法を利用しましょう。クレジットカードによる決済方法を利用する場合はセキュリティの高いシステムを導入しているような充分信用のおける会社を利用すべきです。

　不正アクセスとは「システムを利用する者が，その者に与えられた権限によって許された行為以外の行為を，ネットワークを介して意図的に行うこと」と定義できます。この不正アクセスによって自分のデータが盗まれたり，なりすましによって金銭的な被害を受けたりすることもあります。

　国内ではJPCERT/CCという団体（http://www.jpcert.or.jp）が不正アクセスへの対応を行っていますが，この団体に報告された不正アクセスは多いときで月間約100件にも上ります。

　このような不正アクセスへの対応に国は，2000年2月13日施行の不正アクセス行為の禁止等に関する法律（不正アクセス禁止法）を制定しました。この法律の全文は警察庁のホームページ（http://www.npa.go.jp）から見ることができます。この法律は不正アクセスを防止すると同時にこれを助長する行為も禁止対象になっています。したがって，友人のパスワードを他人に教えることはこの法律を犯すことになります。

このようにインターネット上での犯罪を取り締まる法律は整備されつつありますが，筆者個人としては様々な規制はインターネットの発展を阻害すると考えています。利用者個人の良識下でインターネットの発展が行われることを切に願っています。インターネット社会で我々ユーザーが気を付けるべきことが，RFC2504 "Users' Security Handbook"（一般ユーザーのためのセキュリティ・ハンドブック）として配布されています。このメモは大きく3部に別れており，ページ数が多いため全文についてはここに載せませんが，各章の内容をまとめておきます。

第一部は，はじめにこのメモの概要が述べられていますが，この中で特に重要なことは「電話の盗聴に比較してインターネットの情報は簡単に盗聴できる。したがって，暗号化されていない情報は盗まれる可能性があり，充分注意する必要がある。」ということです。

第二部は，大学や企業などの集中管理されているネットワークユーザーに対しての注意事項をまとめたものです。

- セキュリティ問題担当者は誰であるか知っていること。
- パスワードは常に秘密にしておくこと。
- 席を離れるときには，パスワードでスクリーンロックをかけるか，ログアウトしておくこと。
- 自分のコンピュータやネットワークは気軽に他人に利用させないこと。
- 自分の使うソフトウェアで出所のわからないものは使わないようにする。ダウンロードしたソフトウェアを利用する際には充分注意すること。
- パニックに陥らないこと。できれば，騒ぎ立てる前にセキュリティ問題担当者に相談する。
- セキュリティの問題が生じたらできるだけ早くセキュリティ問題担当者に報告すること。

以上のような注意点が列挙されています。セキュリティ問題担当者は通常は会社であればシステム管理者，学校であればネットワーク担当の教員ということになるでしょう。たいていの場合ホームページなどでメールアドレスを公表しているはずです。また，学校など1台のコンピュータを複数のユーザーで利用する場合には特にこれらの注意点を覚えておくべきでしょう。

インターネット上のソフトウェアをダウンロードする場合，悪意をもったウイルスが仕掛けられたソフトウェアもありますので充分注意しましょう。ただし，設定によっては一般ユーザーにダウンロードを許可していないシステムもあります。

また，この中の"paranoia is good"という項目では，システムの不正利用が目的であることを正規のユーザーには悟らせずに信用させて，システムの構成・秘密を聞き出したり侵入の手引きをさせたりする手口について説明されています。もう少し具体的に説明すると，困っている正規利用者に親切に近づきユーザーIDやパスワードを聞き出すものです。言うなれば，銀行のATMの前で困っている人にカードの暗証番号を聞いて，操作を代わりにしてあげますといったものです。ATMの場合信用できない人に暗証番号を教えないと思いますが，コンピュータのIDとパスワードも同様なものだと考えてください。このような行為はソーシャルエンジニアリングと呼ばれることもあります。

5章 情報セキュリティとコンプライアンス

第三部はエンドユーザーが自己管理するコンピュータに関しての注意点です。

- セキュリティ機能を利用する方法を知るためにマニュアルを読み，そしてその機能を働かせましょう。
- あなたのデータと電子メールがどれくらい私的なものか考えましょう。そしてプライバシー・ソフトウェアに投資し使う方法を学びましたか？
- 前もって最悪の場合に備えましょう。
- 最も新しい脅威が何であるかについて，情報収集を心がけましょう。

コンピュータは最近安くなったとはいえ，まだまだ高価な品物です。数百万円する車の運転を覚えるのに数十万の費用をかけて自動車学校に行くように，数十万円のコンピュータを利用するに数万円の費用をかける必要があるのではないでしょうか？　この費用とは最新情報を雑誌やインターネットで入手したり，ハードディスクのデータのバックアップをとったりするためのものだと考えられます。最悪の事態とはコンピュータが利用できなくなることですが，バックアップさえ残っていれば作業を再開することは容易に行えます。

5-2-3　被害に遭ったときの自衛手段

インターネット上では誰でもホームページやブログそしてSNSなどにより簡単に情報発信することができます。このため事実と異なる情報が発信される可能性があります。このような事実と異なる情報や，たとえ内容が事実でも，プライバシーの侵害につながる可能性もあります。特にインターネット上では匿名性やなりすましが可能でかつデータが簡単に複製されるため，情報の発信源を特定したり，削除の要求が難しかったりすることが指摘されていました。このため，情報の削除を要求する側は該当の情報が掲載されているホームページなどの管理者や会社に対して，損害賠償請求などにより対応してきました。しかしながら，これらの管理者や会社においても，勝手にその情報の削除や契約者情報を提供することは難しい状況でした。このため，国は2000年に「プロバイダー責任制限法」を策定しました。この内容は，インターネット上などに名誉毀損やプライバシーの侵害などの可能性がある情報が存在する場合，情報の削除などを申し出た者と情報発信者およびプロバイダーなどの情報発信に利用された特定通信事業者の3者間の利益を守るとともに，迅速な対応によりインターネットの情報発信を健全かつ円滑にすることを目的とされています。もし，自分のプライバシーを侵害するような掲示板への書き込みなどを見つけた場合は，掲載されている場所（URLなど）とその内容，そしてその内容がどのような権利を侵害しているのかを明記してプロバイダーなどに送付します。この送付様式などは，

http://www.isplaw.jp/

から入手することができます。

また法務省人権擁護局（http://www.moj.go.jp/JINKEN/）から相談することもできます。

6章
情報の編集

この章では情報の編集のための道具として必須といっても過言ではない日本語ワードプロセッサであるWordについて学びます。

6章 情報の編集

6-1 ワープロソフトの基礎

日本語ワードプロセッサである Microsoft Word（以下 Word とします）について学びます。

6-1-1 ワープロソフトとは

ワープロソフトとは，Word process（文書作成）のためのソフトウェアのことです。ワープロソフトによって文書をコンピュータ上で作成することにより，修正や再利用が可能であり，さらに電子メールへの添付やメディアを使用して配布も可能なため，現在，様々な場面で利用されており，コンピュータの使用目的として，第一に掲げられるものといっても過言ではありません。

日本国産のジャストシステム社製の一太郎やマイクロソフト社製 OS である Windows に標準搭載されているワードパッドなどもありますが，現在最も利用されているのが Word でしょう。

6-1-2 Wordの主な機能

Word を使うと，主に以下のようなことができます。

- 文字に修飾を行った文書
    入力したテキストを編集して文字を修飾します。
- 図形を利用した文書
    簡単に作成することのできる図形を組み合わせて文書や地図を作れます。
- 罫線を利用した文書
    罫線を使った表も簡単に作れます。
- はがき文書
    文字とクリップアートを自由に配置してはがきを作れ，宛名印刷ができます。
- 段組みを利用した文書
    段組みを利用して凝ったレイアウトの文書を作れます。

Word はこのように幅広く用いることのできる機能をもっていますが，すべてを網羅することは紙幅の都合により不可能ですので，本書では最も基本的な機能について学習します。

なお，Word の基本画面については 2-3 節を参照してください。

6-1-3 基本操作

Word の基本操作であるポインタ（カーソル）の移動からウィンドウ操作までを学習しましょう。

◎ポインタの移動

マウスで画面上をクリックすることによって，文書編集のためのポインタ（カーソル）を任意の位置に移動することができます。
またキー操作によって，様々な移動ができます。

◎表示モードの変更

［表示］ボタンもしくはリボンの［表示］タブにある［文書の表示］グループから切り替えることのできる表示モードには以下のものがあります。

図 6-1　表示モードの変更

- ［閲覧モード］（全画面閲覧表示モード）

  大きな画面表示で文書の閲覧やコメントの入力ができます。

  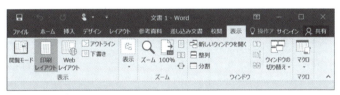

  図 6-2　閲覧モード

- ［印刷レイアウト表示］（印刷レイアウトモード）

  ヘッダー，フッター，図形などの作成状態を確認するための表示モードです。

- ［Webレイアウト表示］（Webレイアウトモード）

  WWW ブラウザで表示した場合に，どのように見えるのかを確認するための表示モードです。

- ［アウトライン表示］（アウトラインモード）

  論文やレポートなどの長い文章を作成する際に，文書の全体構成を組み立てる必要があるときに使用します。

- ［下書き表示］（下書きモード）

  文書の入力や編集に適した表示形式です。

6章 情報の編集

◎文字入力のモード

　Wordのステータスバーを右クリックすると，［上書きモード］と表示された部分があります。通常はこの部分が有効になっていない状態が挿入モードです。この状態で文字入力をするにつれて入力開始位置から右側にある既存の文字が右方に移動していきます。これに対してキーボードの Insert キーを押すと［上書きモード］が有効となりますが，このモードでは，入力開始位置から右側にある既存の文字が順番に，新しく入力した文字で置き換えられ，文章の途中で字句の訂正などを行う際に使用します。モードを戻すには再度 Insert キーを押します。

図 6-3　文字入力のモード

◎ウィンドウ操作

　Wordでは同時に複数のウィンドウを開いて複数文書の編集や同一文書の離れた箇所の参照を行うことができ，リボンの［表示］タブの［ウィンドウ］グループで操作ができます。

図 6-4　ウィンドウ操作

・新しいウィンドウを開く

　同じ文書の別の場所を表示するためのウィンドウを開くことができます。

・整列

　複数のウィンドウをきれいに並べることができます。

・分割

　論文など長い文書を作成する際に，同じ文書の離れた箇所を参照する際に利用します。

・ウィンドウの切り替え

　編集中の文書名の一覧がプルダウンメニュー内に表示されますので，編集する文書名をクリックします。

6-2 文書の書式設定

Wordの基本操作を覚えたら，文書の整形などの基礎を修得します。

文字列の書式を変更する際に，編集の対象となる範囲をドラッグ操作で選択して反転表示させます。取り消しをする際には，選択範囲外をクリックします。

6-2-1 文字書式の設定

入力した文字に対してフォントの種類や大きさ，色，スタイルなど，様々な文字書式を設定するには，次のように行います。

文字書式を変更したい文字を選択し，リボンの［ホーム］タブにある［フォント］グループの項目を適用します。

以下に文字書式の設定に関する代表的なボタンとその役割を記します。

ボタン	名称	役割
MS 明朝(本文のフォン	フォント	フォント（文字書体の種類）を変更します
10.5	フォント サイズ	文字の大きさを変更します。
A˄	フォントの拡大	文字を大きくします。
A˅	フォントの縮小	文字を小さくします。
ab	書式のクリア	選択範囲のすべての書式をクリアにして，書式なしのテキストにします。
ア亜	ルビ	ふりがなを表示して，読み方を示します。
A	囲み罫	文字やテキストを線で囲みます。
B	太字	選択した文字列を太字にします。「ボールド」とも呼ばれます。
I	斜体	選択した文字列を斜体にします。「イタリック」とも呼ばれます。
U	下線	選択した文字列に下線を引きます。「アンダーライン」とも呼ばれます。
abc	取り消し線	選択した文字列の中央を横切る線を引きます。
x_2	下付き	文字を小さくして，文字ベースラインの下に配置します。
x^2	上付き	文字を小さくして，テキスト行の上に配置します。
Aa	文字種の変更	選択した文字列を大文字，小文字，その他の種類に変更します。
ab	蛍光ペンの色	蛍光ペンでマークをつけたように文字列を表示します。
A	フォントの色	文字の色を変更します。
A	文字の網かけ	行全体の背景に薄く網状の色をつけます。これを網かけといいます。
囲	囲い文字	文字を円や四角で囲んで強調します。

6章 情報の編集

- **ダイアログボックスによる詳細設定**

　ダイアログボックス起動ツールをクリックしてダイアログボックスを開けば，文字飾りや下線の種類など，さらに詳細な項目について設定することができます。

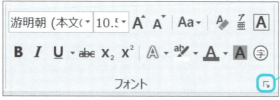

図6-5　ダイアログボックス起動ツール

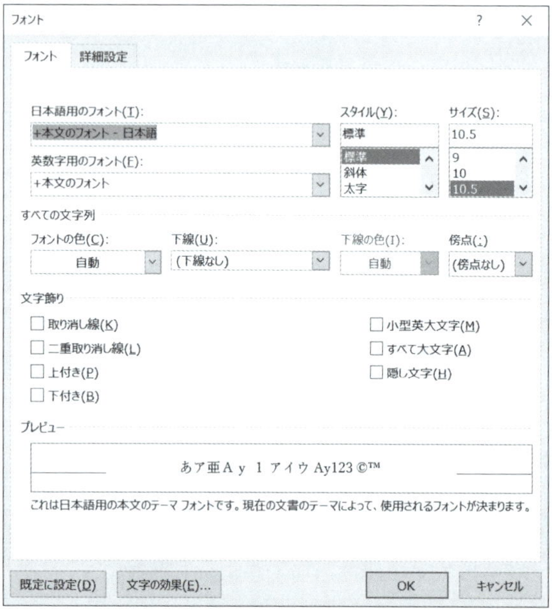

図6-6　詳細設定

- **ミニツールバーによる設定**

　ミニツールバーを使用するには，文字書式を変更したい文字を選択し，選択した部分をマウスでポイントします。ポインタの右上あたりにミニツールバーがフローティングパレット形式で表示されますので，変更したい項目のアイコンを選択して設定を適用します。ただし，ミニツールバーで設定できる項目は，あくまでも頻繁に利用される項目のみです。

図6-7　ミニツールバー

6-2-2 段落書式の設定

段落に対して中央揃え，右揃えや箇条書きなど，様々な書式を設定するには，次のように行います。
文字書式を変更したい文字を選択し，リボンの［ホーム］タブにある［段落］グループの項目を適用します。

◎左揃え，中央揃え，右揃え，両端揃え

文章を書く際には，用紙の左端から書き始めるのが通常ですが，タイトルなどについては，中央に，日付などは，右側に置くことが一般的です。また左右の余白に合わせて文字列を配置し，外観の整った文書を作成できる両端揃えなどが設定できます。

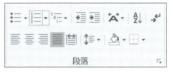

図 6-8　文字揃え

◎箇条書き

箇条書きを設定した段落の行頭文字は，あらかじめ Word に組み込まれたものを使用することもできますが，行頭文字の配置や文字書式の変更や，任意の記号を行頭文字として設定することも可能です。

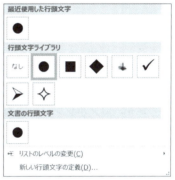

図 6-9　箇条書き

◎段落番号

段落番号を設定すると番号が自動で振られるようになります。その後，別の段落にも段落番号を設定すると連続した番号が振られますが，必要に応じて「1」から振り直すこともできます。

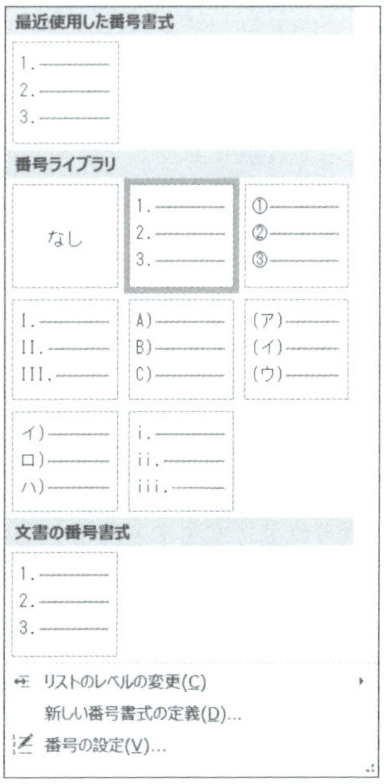

図 6-10　段落番号

6章 情報の編集

◎**アウトライン**

　アウトラインは段落にレベルを設定して，論文などの長文作成の際に，章・節・項などの9段階までのレベルに合わせた「1」「1-1」「1-1-1」などの番号を自動で振ることができます。レベルの変更については，Tabキー（［インデント］ボタン）もしくはShift＋Tabキー（［インデントの解除］ボタン）を使います。

図6-11　アウトライン

- **ダイアログボックスによる詳細設定**

　ダイアログボックス起動ツールをクリックしてダイアログボックスを開けば，インデントなど，さらに詳細な項目について設定することができます。

・**インデント**

　左右の余白の境界から段落までをインデントと呼びますが，ページ設定で指定した余白を段落単位で変更することができます。

・**字下げインデント**

　インデントは段落単位で一定ですが，最初の行だけは別に指定することが可能です。日本文でも英文でも，段落の最初の行は字下げを行いますが，これは字下げインデントを行うことで実現できます。なお，インデントによって文字列の字下げだけを行うのではなく，逆に余白の領域に飛び出させることも可能です。見出しなどの強調に使うのもよいでしょう。

図6-12　詳細設定

● ミニツールバーによる設定

　段落書式の変更にもミニツールバーを使用することができます。書式を変更したい段落を選択し，選択した部分をマウスでポイントします。ポインタの右上あたりにミニツールバーがフローティングパレット形式で表示されますので，変更したい項目のアイコンを選択して設定を適用します。ただし，ミニツールバーで設定できる項目は，あくまでも頻繁に利用される項目のみです。

6-2-3　ページ設定

ページ設定とは，用紙サイズ，印刷の向き，余白サイズなど文書全体の書式のことです。印刷を行う前，あるいは文書の編集を行う前にページ設定をしておきましょう。

図 6-13　ページ設定

◎用紙サイズ

［サイズ］の▼をクリックし，プルダウンメニューから適切な用紙サイズを選択します。

◎印刷の向き

［印刷の向き］も一般的には，［縦］向きですが，目的によって［横］向きに変更することもできます。

◎余白

用紙の上下左右の余白は文書全体のレイアウトを整える上で，重要な意味をもっています。また，プリンターの印字可能範囲を考慮して，余白を設定することも必要です。

◎段組み

文書全体もしくは文書の一部に段組みを設定することができます。段組みの間の境界線やそれぞれの段の幅と間隔などについて設定する場合には，［段組みの詳細設定］で行います。

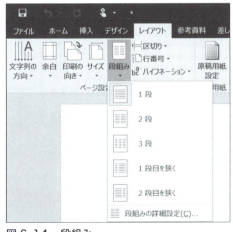

図 6-14　段組み

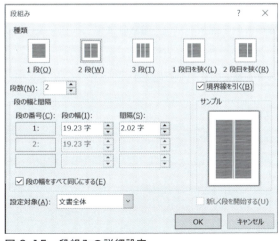

図 6-15　段組みの詳細設定

6章 情報の編集

◎セクション

文書内の一部に段組みを設定するとセクション（同一文書内に異なるレイアウト設定をするための単位）区切りが段組みを設定する範囲の前後に自動で挿入されます。このセクション区切りを活用すれば様々なレイアウトを行うことができます。

◎改ページと段区切り

改ページや段区切りを挿入して，任意の位置から強制的にページや段を改め，見やすいレイアウトにすることができます。

図 6-16　セクション

6-2-4　ヘッダーとフッター

余白の内，上の余白にはヘッダー，下の余白にはフッターという情報を入力することができます。例えば，ヘッダーに作成している文書のタイトルや見出しを入れたり，フッターにページ番号を入れたりということができます。

● ヘッダーとフッターの書式設定

ヘッダーおよびフッターの編集は，リボンの［挿入］タブにある［ヘッダーとフッター］グループで行います。組み込み済みのデザインから希望のものを選択した後，通常の文章と同様に文字入力ができます。またフォントの種類やサイズなど書式の変更も可能です。

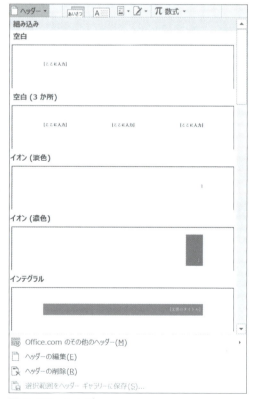

図 6-17　ヘッダー

● 奇数・偶数ページ別指定

組み込み済みのデザインから選択することもできますが、ヘッダーおよびフッターを奇数・偶数ページで別々に設定することができます。この機能を利用して、例えば、奇数ページのヘッダーにタイトルを入れ、偶数ページのヘッダーには章の見出しを入れるということができます。

図6-18　奇数・偶数ページ別指定

● ページ番号

ページ番号は、ページの上下や余白などある程度自由に配置することが可能です。また［ページ番号の書式］をクリックしてページ番号の書式や［開始番号］を変更することができます。

確認問題 6-1

これまで学習してきた内容をふまえて、テキストファイル（ファイルは以下のURLからダウンロードして使用してください。）

平成28年版　情報通信白書（総務省）

http://www.soumu.go.jp/johotsusintokei/whitepaper/ja/h28/text/nc110000.txt
http://www.soumu.go.jp/johotsusintokei/whitepaper/ja/h28/text/nc111000.txt
http://www.soumu.go.jp/johotsusintokei/whitepaper/ja/h28/text/nc111110.txt
http://www.soumu.go.jp/johotsusintokei/whitepaper/ja/h28/text/nc111120.txt

をもとに課題に挑戦してみましょう。

1. テキストファイル：nc110000.txt を Word で開いてください。

2. 1行目に空白行を挿入し、「平成28年版　情報通信白書」と入力し、［MS Pゴシック］、［16］ポイント、［太字］、［網かけ］、［囲み線］にし、さらに［中央揃え］に設定してください。

3. 2行目に空白行を挿入し,「第1部　特集　IoT・ビッグデータ・AI～ネットワークとデータが創造する新たな価値～」と入力し,［MS Pゴシック］,［14］ポイントに,「第1章　ICTによるイノベーションと経済成長」を［MS Pゴシック］,［12］ポイントにしてください。

4. 文末に空白行を作成し,その次の行以降に［挿入］タブ→［テキスト］グループ→［オブジェクト］→［ファイルからテキスト］を選び,テキストファイル：nc111000.txt と nc111110.txt, nc111120.txt を挿入してください。

5. 「第1節　少子高齢化等我が国が抱える課題の解決とICT」を［MS Pゴシック］,［11］ポイントに,「1　我が国の経済成長における課題」を［MS Pゴシック］,［10.5］ポイントに,「（1）人口減少社会の到来」と「（2）人口減少における我が国経済成長」を［MS Pゴシック］,［10］ポイントにしてください。

6. 本文の各段落を,左インデント［0.5字］,最初の行の字下げインデント［1字］,段落前後の間隔をともに［0.5行］に設定してください。

7. 余白を［やや狭い］に設定してください。

8. 組み込み済みのフッターから［縞模様］を選び,ページの下部中央にページ番号を挿入してください。

9. 完成見本のように整形できたことを確認した後,「平成28年版情報通信白書1-1-1 ch6-1.docx」と名前をつけて保存してください。

6-3 オブジェクトの挿入

6-3-1 表と罫線の作成

文書内に表を簡単に挿入して体裁を整えて，印象度の高い文書を作成することができます。

◎表の挿入と変更

● 新しい表の挿入

［挿入］タブの［表］をクリックして表示される［表の挿入］ダイアログで，マウス操作で必要な行数と列数を選びます。

なお，この操作で作成できるのは8行×10列までですので，より大きな表を作成したい場合には，［表の挿入］ダイアログでさらに［表の挿入］をクリックして必要な大きさを指定します。

図6-19　表の挿入

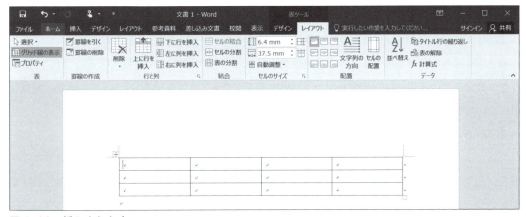

図6-20　挿入された表

● 文字列の表への変換

表に変換する文字列を範囲選択します。［挿入］タブの［表］をクリックして表示される［表の挿入］ダイアログで［文字列を表にする］を選びます。なおこの操作ができるのは，列の区切り位置にタブ

6章　情報の編集

やカンマ記号やその他の記号，行の区切り位置に段落記号が指定されている文字列となりますので，注意が必要です。なお，表を解除して文字列にするには，表を選択して［表ツール］の［レイアウト］タブの［データ］グループで［表の解除］を選びます。

図6-21　文字列の表への変換

図6-22　表へ変換された文字列

◎表ツール

表内のいずれかのセルにポインタを移動しクリックして入力や編集ができる状態もしくは表を選択した状態になると表ツールの［デザイン］および［レイアウト］タブが現れ，スタイルやセル，罫線などについて様々な設定ができます。

●表のスタイルと罫線の作成

あらかじめ表の罫線の太さや色，網かけなどについて，組み込まれた様々なデザインのスタイルを適用することができます。また必要に応じて一部やすべての罫線について，太さや色などについて変更を行うことや罫線の追加や削除などができます。

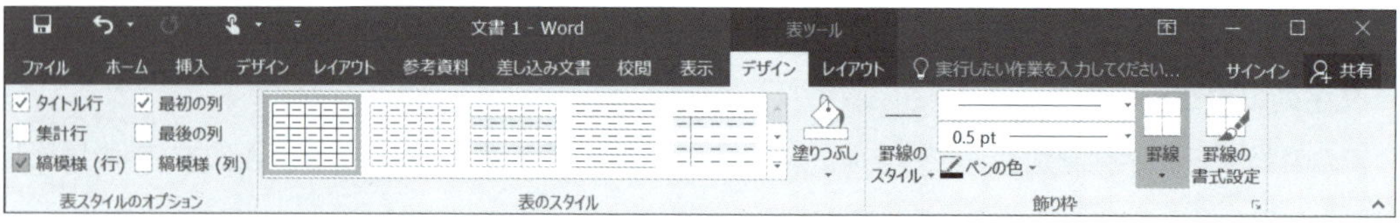

図6-23　表のスタイルと罫線

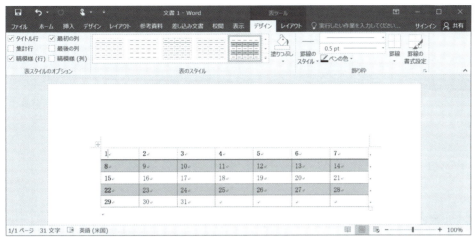

図 6-24　スタイルの適用された表

◎罫線と網かけの変更

［飾り枠］グループの［罫線］のオプションから選択できる「線種とページの罫線と網かけの設定」画面では，表の罫線の太さや色，網かけなどの変更を行うことができます。

図 6-25　罫線

6章 情報の編集

◎表のレイアウト

表ツールの［レイアウト］タブでは，レイアウトに関する様々な設定やデータの並べ替えや計算式の入力などができます。

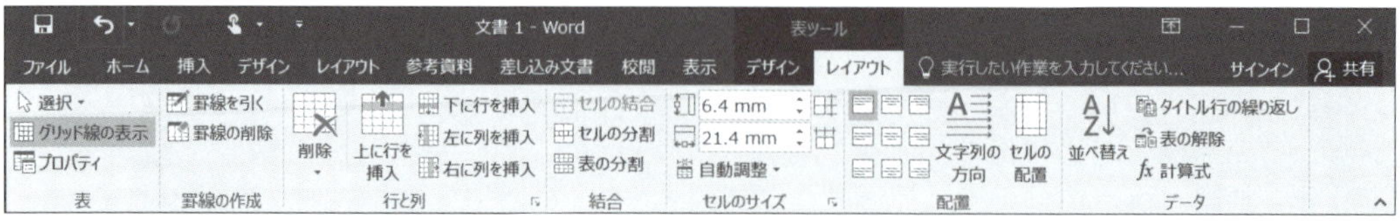

図 6-26　表のレイアウト

6-3-2　画像と図形の挿入

画像とオンライン画像，図形などを文書内に盛り込むことによって概念や考え方をわかりやすく説明することができます。［挿入］タブにある［図］グループで操作できます。

図 6-27　図の挿入

◎画像

図や表の画像ファイルを挿入するには，［図］グループで，［画像］をクリックして表示されるダイアログでファイルを指定し，［挿入］をクリックします。

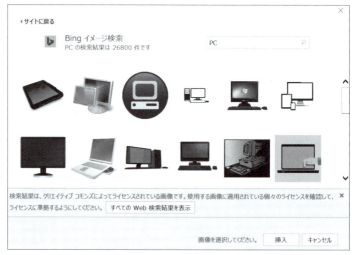

図 6-28　オンライン画像

◎オンライン画像

［図］グループで［オンライン画像］をクリックします。［オンライン画像］作業ウィンドウで，［Bingイメージ検索］ボックスに，語句を入力し，［検索］をクリックします。検索結果の一覧で目的の画像をクリックして挿入します。なお最初に表示される検索結果は，「クリエイティブコモンズ」によってライセンス（使用許諾）されていますが，適切なものが見つからない場合には，［すべての Web 検索結果

を表示]をクリックすることで,インターネット上の画像を検索して結果を表示させることができます。ただし,これらの画像を取り扱う際には,著作権に十分な留意をする必要があります。

◎ **図形**

四角形や円,矢印,線,フローチャート記号,吹き出しなどの図形を描画することができます。

図 6-29　図形

◎ **SmartArt**

SmartArt グラフィックは情報を視覚的に表現したもので,効果的にメッセージやアイデアを伝えます。詳細については,第 8 章で取り扱います。

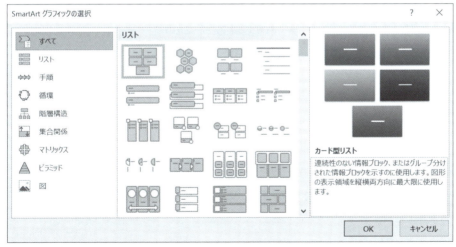

図 6-30　SmartArt

6章 情報の編集

◎グラフ

　グラフには，データシートと呼ばれる表内の関連づけられたデータが表示され，データシートに独自のデータを入力するか，テキストファイルからデータシートにデータをインポートするか，または別のプログラムからデータシートにデータを貼り付けることができます。詳細については，第7章で取り扱います。

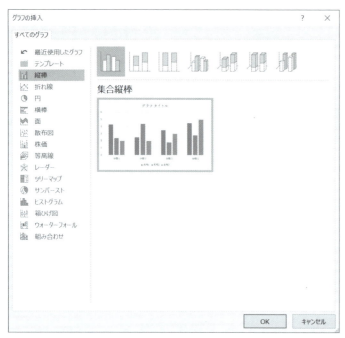

図6-31　グラフ

6-3-3 脚注と図表番号の設定

　論文やレポートなどの長文作成の際に，語句の補足説明としての脚注や図や表の番号付記に苦労をした経験をお持ちの方も多いと思いますが，Wordには，それらを手助けしてくれる便利な機能がありますので，ぜひ活用してみてください。

◎**脚注**

脚注をつけるには，次のように行います。

1. 脚注記号をつけたい文字列の後ろにカーソルを移動して，［参考資料］タブの［脚注］グループで［脚注の挿入］をクリックします。あるいは，文末に脚注をまとめて表示されるようにするには，［文末脚注の挿入］をクリックします。

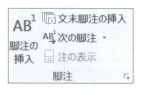

図6-32　脚注の挿入

2. 脚注記号が自動で挿入されるとともに，ページ下部に脚注内容の領域が作成され，カーソルが移動しますので，補足説明の内容を入力します。なお，脚注の種類を変更するには，［ダイアログボックス起動ツール］をクリックして表示される［脚注と文末脚注］ダイアログで［変換］をクリックして［脚注の変更］ダイアログで設定します。

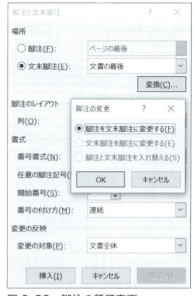

図 6-33　脚注の種類変更

◎図表番号

図表に図表番号をつけるには，次のように行います。

1. 図表番号をつけたい図表を選択して，［参考資料］タブの［図表］グループで［図表番号の挿入］をクリックします。もしくは，図表を選択した後，右クリックして［図表番号の挿入］を選びます。
2. ［図表番号］ダイアログが表示されますので，［ラベル］は，［図］，［表］，［数式］から選び，［位置］は［選択した項目の上］もしくは［選択した項目の下］を選択します。これ以降，図表に図表番号を設定すると自動で番号が付加されていきます。

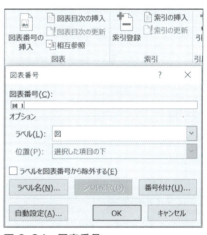

図 6-34　図表番号

6-3-4　スタイルの活用

スタイルとは，文字や段落などの複数の書式を組み合わせて，名前をつけて保存したものです。あらかじめ Word に組み込まれているものを使用することや，一部を変更，もしくは，新しく作成することができます。

前節で，文字や段落などについて様々な書式を設定することについて学習しましたが，スタイルを活用することによって，論文などの章や節などの見出しあるいは本文や引用文の書式の設定を統一し

6章 情報の編集

たり，一度に変更したりすることができ，複数の書式設定を繰り返し行う必要がなくなり，効率よく文書を整形することができます。

◎スタイル

［ホーム］タブの［スタイル］グループに複数の見出しレベル，本文テキスト，引用箇所，タイトルなど特定の用途に合わせてあらかじめデザインされたスタイルセットがあります。

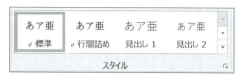

図 6-35　スタイル

◎スタイルの追加と変更

新しいスタイルを作成してスタイルギャラリーに追加することができます。また，スタイルセットに設定されている書式などを変更して，適用済みのスタイルすべてに適用することもできます。

- スタイルの追加

スタイルの追加は次のように行います。

1. 新しいスタイルとして作成する文字列を選択し，書式を設定します。
2. 選択した文字列を選択して表示されたミニメニューから［スタイル］をポイントし，［スタイルの作成］をクリックします。
3. スタイルに名前を入力して［OK］をクリックすると，スタイルギャラリーに追加されます。

図 6-36　スタイルの作成

- スタイルの変更

スタイルの変更は次のように行います。

1. スタイルが設定されている文字列を選択し，文字列の書式を変更します。
2. ［ホーム］タブの［スタイル］グループで，変更するスタイルを右クリックして［選択個所と一致するように更新する］をクリックします。
3. 変更したスタイルが設定されているすべての文字列が，定義した新しいスタイルに一致するように自動的に変更されます。

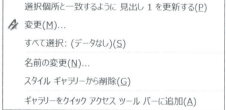

図 6-37　スタイルの変更

確認問題 6-2

これまで学習してきた内容をふまえて，前節で保存しておいた「平成 28 年版情報通信白書 1-1-1ch6-1.docx」をさらに加工してみましょう。なお，図（表）ファイルは以下の URL からダウンロードして使用してください。

平成 28 年版　情報通信白書（総務省）

図表 1-1-1-1　我が国の人口の推移：n1101010.png
http://www.soumu.go.jp/johotsusintokei/whitepaper/ja/h28/image/n1101010.png

図表 1-1-1-2　就労人数及び労働時間数の推移：n1101020.png
http://www.soumu.go.jp/johotsusintokei/whitepaper/ja/h28/image/n1101020.png

図表 1-1-1-3　経済の循環における ICT への期待：n1101030.png
http://www.soumu.go.jp/johotsusintokei/whitepaper/ja/h28/image/n1101030.png

1. 平成 28 年版情報通信白書 1-1-1ch6-1.docx を Word で開いてください。

2. 「平成 28 年版　情報通信白書」にスタイル [表題] を適用してください。

3. 「第 1 部　特集　IoT・ビッグデータ・AI 〜ネットワークとデータが創造する新たな価値〜」にスタイル [見出し 1] を，「「第 1 章　ICT によるイノベーションと経済成長」に [見出し 2] を，「第 1 節　少子高齢化等我が国が抱える課題の解決と ICT」に [見出し 3] を，「1　我が国の経済成長における課題」に [見出し 4] を，「(1) 人口減少社会の到来」と「(2) 人口減少における我が国経済成長」に [見出し 5] を適用してください。

4. 「1　我が国の経済成長における課題」の [太字] の書式設定を解除して，スタイル [見出し 4] の属性を変更してください。

5. 「図表 1-1-1-1　我が国の人口の推移」の段落後に空白行を挿入し，「n1101010.png」を挿入してください。挿入後，[文字列の折り返し] を設定し，大きさや配置を調整してください。

6. 「図表 1-1-1-2　就労人数及び労働時間数の推移」の段落後に空白行を挿入し，「n1101020.png」を挿入してください。挿入後，[文字列の折り返し] を設定し，大きさや配置を調整してください。

7. 「図表 1-1-1-3　経済の循環における ICT への期待」の段落後に空白行を挿入し，「n1101030.png」を挿入してください。挿入後，[文字列の折り返し] を設定し，大きさや配置を調整してください。

8. 「図表 1-1-1-1　我が国の人口の推移」，「図表 1-1-1-2　就労人数及び労働時間数の推移」，「図表 1-1-1-3　経済の循環における ICT への期待」の段落の設定を変更し，[次の段落と分離しない] ようにしてください。

9. 「(1) 人口減少社会の到来」に関する記述内最終段落1行目の文字列「日本生産性本部の調査・分析結果1によれば」内の「1」を削除して，文末脚注を挿入し，脚注内容の領域に「1　日本の生産性の動向-2015年版」の文章を移動してください。また移動後，「日本」の前の「1」は削除してください。

10. 完成見本のように編集・加工できたことを確認した後，「平成28年版情報通信白書1-1-1 ch6-2.docx」と名前をつけて保存してください。

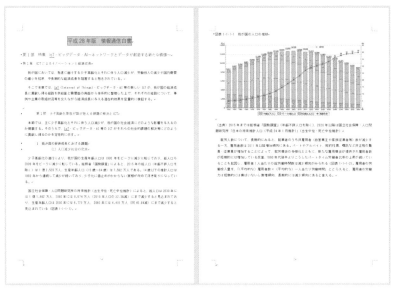

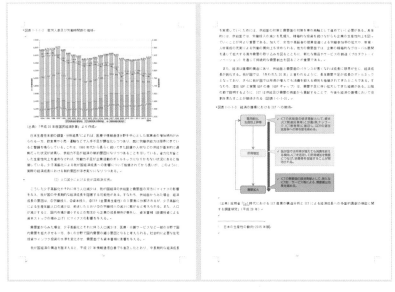

6-4 ビジネス文書の作成

この節ではビジネス文書の作成の際に役立つ様々な機能について紹介します。

6-4-1 テンプレートの活用

Wordには様々な場面で使用される文書を作成するためのテンプレートと呼ばれる書式やスタイルなどがあらかじめ設定されたひな形が用意されています。

◎テンプレート

テンプレートを使って文書を作成するには，次のように行います。

1. ［ファイル］→［新規］をクリックして「新しい文書」ウィンドウを開きます。
2. 表示されたテンプレートから，希望のものを選択して，作成ボタンをクリックします。またインターネットに接続できる環境があれば，オンラインテンプレートというマイクロソフト社のWebサイトにあるテンプレートを検索できます。

図6-38　テンプレート例

● ビジネス文書

1. オンラインテンプレートの検索欄に「ビジネス」と入力するか，検索候補の［ビジネス］をクリックします。
2. 表示されたテンプレートから適切なものを選びます。
3. 文書内の記述を適宜編集します

図6-39　テンプレート例

6章 情報の編集

6-4-2 オートコレクトと入力オートフォーマット

オートコレクトや入力オートフォーマットの機能によって，入力ミスを失くし，効率のよい文書作成ができます。

◎オートコレクト

Wordのオートコレクトについて確認するには，［ファイル］→［オプション］をクリックします。［Wordのオプション］ダイアログボックスで，［文章校正］をクリックし，［オートコレクトのオプション］をクリックします

この機能によって，英単語を入力した際の頭文字が自動で大文字になったり，「(C)」と入力すると「©」（コピーライトマーク）に自動で変換されたりします。この機能を活用して，頻繁に使う語句や間違いやすい語句を登録しておくことで，効率よく正確な入力ができるようになります。

図6-40　オートコレクト

◎入力オートフォーマット

「」や（）などかっこを入力する際に，組み合わせの間違いを自動で修正してくれたり，場所や日時などを告知する文書を作成する際に「記」の文字を入力した後，Wordにより「以上」が自動で入力され，さらに右揃えに設定されたりする機能などがあります。

既定で有効になっているのは，以下の［入力オートフォーマット］タブに表示されている項目です。

既定の設定以外に、例えば、分数を分数文字（組み文字）に変更することや、行の始まりに設定する字下げについて、段落書式で設定せずに、[space]キーで空白を入力しがちですが、これを自動で変更するなど、必要に応じて機能を有効にしておくとよいでしょう。

図6-41　入力オートフォーマット

◎あいさつの頭語と結語

あいさつの頭語と結語の組み合わせや、時節や相手に応じたあいさつ文の選択はなかなか難しいものです。Wordにはこれらを手助けしてくれる便利な機能がありますが、これも入力オートフォーマット機能の1つです。下記の頭語を入力して[Enter]キーまたは[space]キーを押すと、対応する結語が自動で入力され右揃えに設定されます。使用される状況を参考に適切な頭語を選んでください。

頭語	対応する結語	使用される状況
拝啓, 拝呈	敬具	一般的な手紙
謹啓, 謹呈	謹白	丁寧な手紙
粛啓	頓首	丁寧な手紙
急啓, 急白, 急呈	草々	急用の手紙
前略, 冠省, 略啓, 草啓	草々	前文を省略する場合
拝復, 復啓	敬具	返事を書く場合
再啓, 再呈, 追啓	敬具	重ねて書く場合

6章 情報の編集

◎あいさつ文ウィザード

あいさつ文ウィザードを使うと時候にあったあいさつ文を入力することができます。

●あいさつ文ウィザードの使用

あいさつ文ウィザードを使ったあいさつ文の入力は次のように行います。

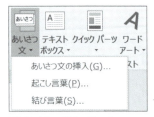

図 6-42　あいさつ文

1. あいさつ文を入力する位置をクリックします。［挿入］タブの［テキスト］グループで［あいさつ文］をクリックし［あいさつ文の挿入］をクリックすると［あいさつ文］ダイアログボックスが表示されます。

2. ［月のあいさつ］ボックスで現在の月と使用する文章を選択し，［安否のあいさつ］ボックスで使用する文章を選択します。

3. 感謝のあいさつを入力する場合は，［感謝のあいさつ］ボックスで使用する文章を選択します。不要な場合には，ボックスに入力されている文章を削除し，［OK］ボタンをクリックします。

図 6-43　あいさつ文ウィザード

4. 続けて本文の始まりの言葉を入力します。起こし言葉を入力する位置をクリックします。［挿入］タブの［テキスト］グループで［あいさつ文］をクリックし［起こし言葉］をクリックするとダイアログボックスが表示されますので，使用する言葉を選択して［OK］ボタンをクリックします。

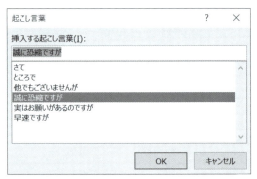

図 6-44　起こし言葉

6. 起こし言葉と結び言葉の間に本文を入力します。

5. 次に結び言葉を入力します。結び言葉を入力する位置をクリックします。[挿入] タブの [テキスト] グループ で [あいさつ文] をクリックし [結び言葉] をクリックするとダイアログボックスが表示されますので、使用する言葉を選択して [OK] ボタンをクリックします。

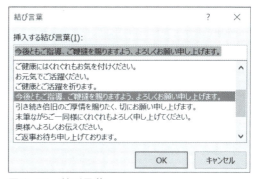

図 6-45　結び言葉

6-4-3　ハイパーリンクの設定

インターネット上の Web ページや画像、電子メールなどへのハイパーリンクや、文書の特定の位置にブックマークとして名前をつけて記録し、直接移動できるリンク、さらに参照すべき特定の図表やページなどを相互参照として設定することができます。

◎ ハイパーリンク

ハイパーリンクを作成するには、次のように行います。

1. リンクを作成したい文字列や図表などを選択し、[挿入] タブの [リンク] グループから、[ハイパーリンク] をクリックするか、右クリックして、[ハイパーリンク] をクリックします。

図 6-46　ハイパーリンク

2. [ハイパーリンクの挿入] ダイアログが表示されますので、リンク先を指定して [OK] をクリックします。

3. ハイパーリンクが設定された文字列は通常、フォントの色が [青] になり、[下線] が設定された状態で表示されるようになります。

ハイパーリンクの作成　Ctrl + K

リンク先の表示　Ctrl + クリック

6-4-4　透かし

ビジネス文書を作成する際に、「緊急」や「社外秘」など特別な扱いをしなければならない文書を作成する機会もあります。その際に透かしの機能を使うことができます。

6章 情報の編集

◎透かし

文書に透かしを作成するには，次のように行います。

1. ［デザイン］タブの［ページの背景］グループから，［透かし］をクリックします。

図 6-47　透かし

2. 表示されたプルダウンメニューから目的の透かしを選択するか，［ユーザー設定の透かし］をクリックして，ダイアログで設定します。

図 6-48　透かし

図 6-49　ユーザー設定の透かし

確認問題 6-3

これまで学習してきた内容をふまえて，テンプレートを使って，「ビジネスレター」を作成してみましょう。

1. 新規文書を作成し，オンラインテンプレートの検索欄に「ビジネスレター」と入力し，検索結果の一覧から「ビジネスレター1」を選択してください。

2. 宛先の会社名などについては適宜修正・変更してください。

3. あいさつ文ウィザードを活用して，文書を作成する月のあいさつに変更してください。なお，挿入したあいさつ文をふくめて文書全体のフォントを任意のものに統一してください。

4. 異動の時期や記載内容についても適宜変更してください。

5. 新勤務先については，ホームページもしくは所在地のインターネット上の地図にハイパーリンク（仮想でも可）を設定してください。

6. 「ビジネスレター1」の例文では，文書作成時期について3月末が想定されているようです。このため背景が適切ではないと感じられる場合には，「ビジネスレター5月」や「ビジネスレター6月」など，季節に応じた例文の記載のないテンプレートがありますので，上記の手順で作成した文章をコピーして貼り付けることで活用してください。なお，テンプレートによっては，文章を入力する箇所が表形式になっているため背景の罫線に合うようにレイアウト調整が必要な場合があります。

7. 完成見本のようにできたことを確認した後，「ビジネスレター課題ch6-3.docx」と名前をつけて保存してください。

6章 情報の編集

課題

これまで学習してきた内容をふまえて，6-3 節で保存しておいた「平成 28 年版情報通信白書 1-1-1ch6-2.docx」をもとに課題に挑戦してみましょう。

なお，テキストファイルおよび図（表）ファイルは以下の URL からダウンロードして使用してください。

平成28年版　情報通信白書（総務省）

http://www.soumu.go.jp/johotsusintokei/whitepaper/ja/h28/text/nc111200.txt
http://www.soumu.go.jp/johotsusintokei/whitepaper/ja/h28/text/nc111210.txt
http://www.soumu.go.jp/johotsusintokei/whitepaper/ja/h28/text/nc111220.txt

図表 1-1-2-1　人工知能（AI）の分類・比較：n1102010.png
http://www.soumu.go.jp/johotsusintokei/whitepaper/ja/h28/image/n1102010.png

図表 1-1-2-2　人工知能の（AI）の実用化における機能領域：n1102020.png
http://www.soumu.go.jp/johotsusintokei/whitepaper/ja/h28/image/n1102020.png

図表 1-1-2-3　IoT・ビッグデータ・AI が創造する新たな価値：n1102030.png
http://www.soumu.go.jp/johotsusintokei/whitepaper/ja/h28/image/n1102030.png

1. 「平成 28 年版情報通信白書 1-1-1ch6-2.docx」を Word で開いてください。

2. 「（1）人口減少社会の到来」に関する記述内最終段落 1 行目の文字列「日本生産性本部の調査・分析結果」に関する文末脚注を脚注に変更してください。

3. 文末に［改ページ］を挿入し，次ページの1行目以降にテキストファイル：nc111200.txt と nc111210.txt, nc111220.txt を挿入してください。

4. 「2　新たな ICT による社会経済への貢献」にスタイル［見出し 4］を，「（1）ICT の進化」と「（2）新たな ICT がもたらす社会経済へのインパクト」に［見出し 5］を適用してください。

5. 「ア　IoT (Internet of Things)」，「イ　ビッグデータ」，「ウ　人工知能（AI）」に［見出し 6］を適用してください。

6. 「図表 1-1-2-1　人工知能（AI）の分類・比較」の段落後に空白行を挿入し，「n1102010.png」を挿入してください。挿入後，［文字列の折り返し］を設定し，大きさや配置を調整してください。

7. 「図表 1-1-2-2　人工知能の（AI）の実用化における機能領域」の段落後に空白行を挿入し，「n1102020.png」を挿入してください。挿入後，［文字列の折り返し］を設定し，大きさや配置を調整してください。

8. 「図表 1-1-2-3　IoT・ビッグデータ・AI が創造する新たな価値」の段落後に空白行を挿入し，「n1102030.png」を挿入してください。挿入後，［文字列の折り返し］を設定し，大きさや配置を調整してください。

9. 「図表 1-1-2-1　人工知能（AI）の分類・比較」，「図表 1-1-2-2　人工知能の（AI）の実用化における機能領域」，「図表 1-1-2-3　IoT・ビッグデータ・AI が創造する新たな価値」の段落の設定を変更し，［次の段落と分離しない］ようにしてください。

10. 「ア　IoT（Internet of Things）」に関する記述内の文字列「と定義されている 2 。」内の「2」を削除して，脚注を挿入し，脚注内容の領域に「2　特定通信・放送開発事業実施円滑化法～」の段落を移動してください。また移動後，「特定」の前の「2」は削除してください。

11. 「ウ　人工知能（AI）」に関する記述内の文字列「3 段階に分けられる 3 。」内の「3」を削除して，脚注を挿入し，脚注内容の領域に「3　詳細な説明は、第 4 章第 2 節参照。」の段落を移動してください。また移動後，「詳細な」の前の「3」は削除してください。

12. 「ウ　人工知能（AI）」に関する記述内の文字列「ディープラーニング 4」内の「4」を削除して，脚注を挿入し，脚注内容の領域に「4　「深層学習」という言い方もある。」の段落を移動してください。また移動後，「「深層学習」」の前の「4」は削除してください。

13. 「ウ　人工知能（AI）」に関する記述内の文字列「コンピューターが行うようになった 5 。」内の「5」を削除して，脚注を挿入し，脚注内容の領域に「5　ただし、狭義の機械学習～」の段落を移動してください。また移動後，「ただし」の前の「5」は削除してください。

14. 挿入した本文の各段落を，左インデント［0.5 字］，最初の行の字下げインデント［1 字］，段落前後の間隔をともに［0.5 行］に設定してください。

15. 任意の透かしを挿入してください

16. 全体のレイアウトを必要に応じて調整し完成見本のように整形できたことを確認した後，「平成 28 年版情報通信白書 ch6 課題 .docx」と名前をつけて保存してください。

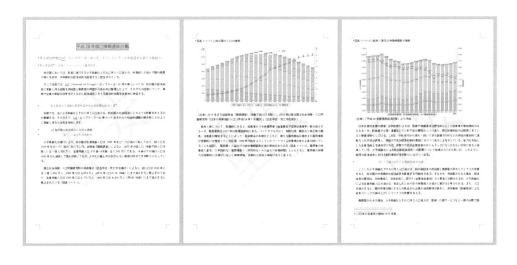

6章 情報の編集

7章

情報の分析

この章では情報分析のための代表的な表計算ソフトであるExcelについて学びます。

7章 情報の分析

7-1 表計算ソフトの基礎

　通常の電卓は数値と演算記号を入力して結果を出力します。データ表示領域はたいてい1行で，高機能なものでは複数行の表示や入力式の編集ができます。表計算ソフトはコンピュータ上で動作し，数値と式を記憶して利用者と対話しながら動作します。一般的なコンピュータの画面は 15 〜 20 インチ以上の表示領域をもっていますから，入力データや式を表示させながら計算結果も表示することができます。コンピュータ上に一度入力したデータはワープロのように簡単に再利用できます。したがって，計算データの再利用は簡単に行うことができます。すなわち様々なシミュレーションを簡単に実行することが可能です。これはパソコン上で最初に作られた表計算ソフトの成り立ちを考えると当然のことなのです。

7-1-1 表計算ソフトの歴史

　最初にパソコン上で動作した表計算ソフトは，ビジカルク（Visual Visible Calculator の略）です。これはダニエル・ブリックリン（Daniel S. Bricklin）とボブ・フランクストン（Robert M. Frankston）の2人が開発し，1979年（昭和54年）に発売されたソフトウェアです。ダニエル・ブリックリンはソフトウェアの概念を中心に，ボブ・フランクストンは実際のプログラミングを中心に開発を行いました。

　ダニエル・ブリックリンはマサチューセッツ工科大学でコンピュータについて勉強し，会社に勤めた後ハーバード大のビジネススクールで学びました。ビジネススクールではケースメソッドと呼ばれる会社の経営方法のシミュレーションを行い，利益を上げるために必要な原価計算を行う課題が数多くありました。

　この膨大な計算を行う際に電卓を繰り返し利用するのではなく，数値を変更するだけですべての再計算を行うソフトウェアの必要性を感じたのです。そして彼は友人のマサチューセッツ工科大学の当時学生であったボブ・フランクストンとともにビジカルクを開発しました。

　発売後このソフトは2年間で20万本以上を売り上げるという大成功を収めました。さらにビジカルクを利用したいがためにハードウェアを購入するという，ビジネスソフトウェアの重要性が認められた最初のソフトウェアとも言われています。その後，同様な機能をもつロータス・ディベロップメント社の Lotus1-2-3 やマイクロソフト社の Excel が市場に発表されました。

7-1-2 表計算の基本概念

　表計算ソフトは電子的な集計用紙であり，縦と横に区切り線があり，マス目をもちます。この作業領域全体をシートまたはワークシートと呼びます。四角いマス目はセルと呼ばれ，データの入力対象となっているセルを特にアクティブセルと呼びます。アクティブセルは他のセルと区別が容易なように，太い黒枠に囲まれたり，他のセルと異なる色が表示されたりしています。このアクティブセルは通常

ワークシート上に1つしか存在しません。1つのセルには1つのデータしか収容できませんが,数値,文字,式の3種類のデータを区別なく入力することが可能です。セルの大きさや表示形式は自由に変更することができますが,セルの大きさや形は縦と横で統一しなければなりません。ワークシート上のセルにおいて横方向の並びは行,縦方向の並びを列と呼びます。ワークシートの最大の大きさは表計算ソフトにより異なりますが,Excel 2016では最大1,048,576行×16,384列になります。

セルそれぞれには座標を利用したセル位置と呼ばれる名称が与えられています。セル位置は何列目の何行目であるかで示します。例えばワークシートの一番左角のセル位置はA列1行目であるのでA1となります。列はAから始まりZの次はAA,AB,AC,…,AZ,BA…となります。またデータをいっさいもたないセルは空白セルと呼ばれます。複数のセル範囲を示す場合には対角線上の「左上角:右下角」の書式で示します。例えば図の場合,ExcelではA1:B3となります。

図7-1 セル位置とセル範囲

7-1-3 Excelの主な機能

Excelの主な機能は次の4つです。

- **表計算機能**

  ワークシート上に表を作成し,自動計算を行う機能です。足し算,引き算などの四則演算から,様々な「関数」を駆使して複雑な計算にも利用できます。

- **グラフ作成機能**

  ワークシートで作成した表データを視覚的に捉えるためにグラフを作成する機能です。グラフの種類は,棒グラフ,円グラフから,3Dグラフと呼ばれる立体的なグラフに至るまで数多く用意されています。また,表のデータとグラフは連動しており,表のデータを変更すると自動でグラフが変更されるというように,データ変更がグラフに反映されるようになっています。逆にグラフのデータの変更が表に反映されるようにもなっています。

- **データベース機能**

  ワークシート上の様々なデータを相互に関連づけて,データベースのように扱うことが可能です。この機能によって多くのデータの並べ替えや必要なデータの抜き出しや検索などができます。

- **マクロ機能**

  決まった手順の作業や複雑処理をプログラムとして登録しておく機能です。これを使えば,処理の効率化や手間の軽減を行うことができます。

7章 情報の分析

7-1-4 Excelの基本画面

Excelを起動すると次の画面の状態になります。

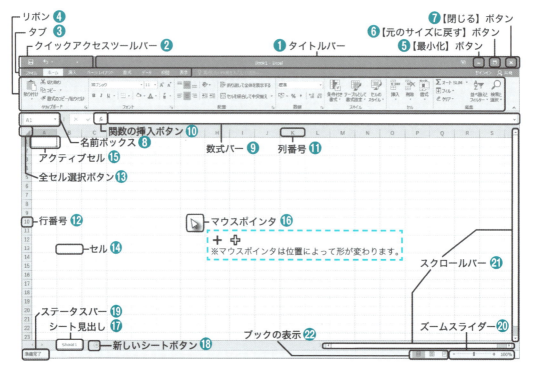

図7-2 起動時画面

❶ **タイトルバー**：タイトルバーには作業中のブックの名前が表示されます。

❷ **クイックアクセスツールバー**：よく使われるコマンドが表示されています。

❸ **タブ**：初期状態ではグループが8つ表示されています。タブをクリックするとリボンの表示内容が変わります。

❹ **リボン**：それぞれのアイコンをクリックすることでExcelに命令を与えることができます。

❺ **[最小化] ボタン**：Excelのウィンドウをデスクトップ上から見えなくします。複数のプログラムを利用している際にプログラムを切り替える際に用います。再度表示させたい場合は、タスクバーのボタンをクリックすると再度表示されます。

❻ **[元のサイズに戻す] ボタン**：Excelのウィンドウサイズを変化させた際、変化前の状態に戻すときにクリックします。

❼ **[閉じる] ボタン**：Excelを終了させる際にクリックします。

❽ **名前ボックス**：現在のアクティブセルの位置が表示されています。

❾ **数式バー**：現在のアクティブセルに入力した数式が表示されています。

❿ **[関数の挿入] ボタン**：現在のアクティブセルに数式を入力する際にクリックすると関数ウィザードが起動します。
⓫ **列番号**：列の位置を示します（アルファベット）。
⓬ **行番号**：行の位置を示します（アラビア数字）。
⓭ **[全セル選択] ボタン**：ワークシート上のすべてのセルを選択する場合にクリックします。
⓮ **セル**：ワークシート上の列と行で区切られた範囲。
⓯ **アクティブセル**：現在入力対象になっているセル。
⓰ **マウスポインタ**：マウスに連動して動きます。作業状況によって形状が変わります。
⓱ **シート見出し**：ワークシートの名前が表示されています。デフォルトではSheet1です。クリックすると作業対象のシートが切り替わり，右クリックで名前の変更ができます。
⓲ **[新しいシート] ボタン**：クリックすると新しいシートが追加されます。
⓳ **ステータスバー**：現在の状態や操作に関する情報が表示されます。
⓴ **ズームスライダー**：現在表示されている倍率を変更し，拡大・縮小ができます。
㉑ **スクロールバー**：ワークシートの表示範囲を移動させる場合にドラッグします。
㉒ **ブックの表示**：「標準」「ページレイアウト」「改ページプレビュー」などの表示の切り替えを行います。

7-2 データシートの作成

7-2-1 セルへのデータ入力

セルに入力できるものは数字，文字，式の3種類です。

◎ **数字**

整数や小数，さらには指数形式で入力します。

指数形式の場合はEを用います。例えば1E2や2.0E-2のように入力します。また負数は最初にマイナスを入力します。

◎ **文字列**

キーボードから入力できるものはすべて入力できます。もし数字を文字形式で入力したい場合は，最初にシングルクォーテーション（'）を入力してから数字を入力すれば文字形式と判断されます。また，入力後にデータの形式を指定することも可能です。

7章 情報の分析

◎式

式には算術計算式と論理式があります。算術計算式は通常の電卓に入力する式と同じです。論理式は式の値が正か負かを示します。この式を利用できることが表計算ソフトの大きな特徴です。式をセルに入力する際には，イコールを最初に入力することにより，数字や文字と区別します。

セルにデータを入力した場合，入力データに誤りがあるとエラーが表示されます。誤りがない場合は数字に関しては右詰め，文字列に関しては左詰め，そして式の場合はその結果が表示されます。

◎演算子

表計算ソフトの中で利用される演算子は，通常の数学の記号とほとんど同様ですがキーボードからの入力や画面上の制約から異なるものもありますので注意が必要です。

表 7-1　演算子一覧表

演算子名	演算子
加算	+
減算	-
乗算	*
除算	/
べき乗	^

数式における演算子の優先順は一般の数式と同じで次の通りです。

> べき乗 > 乗算・除算 > 加算・減算

ただし，括弧 " ( ) " がある場合は括弧内の計算が優先されます。

◎数式と関数

セルには数式を入力することができますが，通常の数式とはいくつかの点で異なっています。セルに数式を入力する際には一般の数式や電卓で最後に入力する＝（イコール）を最初に入力します。また，式には定数と関数とセル名を入力することができます。関数は表計算ソフトにより異なります。セルを数式に挿入した場合はそのセルに計算時に入力されていたデータが利用されます。したがって，セルのデータが変更された場合は，当然計算結果が異なります。このようにセルのデータが変化した場合，再計算が行われます。通常，再計算は自動的に行われますが，ソフトウェアの設定によっては手動で指示するまで再計算を行わないこともあります。

7-2-2 データの移動とコピー

◎移動とコピー

表計算ソフトのデータは簡単に移動やコピーが実行できます。ただし，セル位置を含んだデータを移動やコピーする場合には注意が必要です。セル位置の指定が相対参照と呼ばれる通常のセル位置の表記の場合，数式内のセル位置は移動・コピー位置に対応して変化します。絶対参照と呼ばれるセル位置指定の場合は，数式内のセル位置は移動・コピー位置に対応して変化しません。一般に，絶対参照セルのセル位置指定は，変化させたくない行または列の最初に $ を挿入します。

> A3 ………通常のセル位置表記（相対参照）
> A$3………列は相対参照で行は絶対参照
> $A3………列は絶対参照で行は相対参照
> A3 ……列も行も絶対参照，数式で定数を指定する場合などに利用

7-2-3 セル書式

Excel では，セルに入力したデータにいっさい手を加えずに表示形式を変更することができます。具体的には，小数点以下の桁数の表示や小数点の数値を百分率(%)形式で表示することができます。また，セルに入力された数字や文字フォントの書式を変更することもできます。書式を変更することで，ある特定のセルを強調し，ワークシートの内容をわかりやすく説明することが可能です。

書式の変更は最初に当該セル，または当該文字を選択します。次にホームタブのフォントグループのリボンからダイアログボックス起動ツール（図 7-3）をクリックします。ダイアログボックスで表示されるもののうち，よく利用されるものはリボンに最初から表示されていますので，リボンから直接書式変更することも可能です。

図 7-3　ダイアログボックス起動ツール

7章 情報の分析

◎セルの表示形式

セルに入力されたデータや計算結果の表示形式を指定できます。数値として表示する場合，小数点以下の桁数指定や3桁ごとの桁区切りを使用することもできます。

また，日付や時間としての表示や百分率（パーセント）および通貨記号をつけて表示することも可能です。なお，小数点以下の桁数指定の場合は四捨五入されることに注意してください。

図 7-4　表示形式タブ

◎配置

Excel での標準表示では，数値は右詰めで，文字は左詰めで表示されます。しかし，[セルの書式設定] ダイアログボックスから [配置] タブをクリックするとユーザーが配置方法を指定することができます。セルの幅を広げずに多くの文字を表示させたい場合は，文字の制御項目の「折り返して全体を表示する」，「縮小して全体を表示する」や「セルを結合する」を利用すると便利です。

図 7-5　配置タブ

128

◎フォント

［フォント］タブでは，文字の大きさや利用するフォント，さらに色や文字飾りを指定することができます。指定後の状況はプレビューに表示されますので，必要に応じ調整してください。

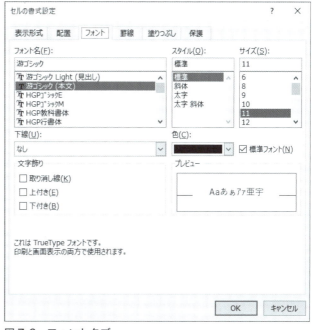

図7-6　フォントタブ

◎罫線

コンピュータ画面上では上下左右にセルが区切られているのを確認できます。しかし，印刷時には罫線を引かないと縦横の線は印刷されません。罫線やセルの塗りつぶしを利用することにより，印刷時や画面での見やすさが向上します。

罫線は線の太さや色を選択することができます。最初に罫線を引くセルを選択します。次に［セルの書式設定］ダイアログボックスから［罫線］タブをクリックして罫線の位置や種類を決定します。

図7-7　罫線タブ

7章 情報の分析

◎塗りつぶし

　セルの背景に色やパターンをつけることができます。セルを選択後，色やパターンをダイアログボックスで指定します。指定した状況はサンプル欄に表示されます。

図 7-8　塗りつぶしタブ

◎保護

　セルの内容を変更させないようにするには，変更させたくないセルを選択後，ロックのチェックボックスをクリックします。ただし，ワークシートにパスワードを設定しておかないと解除されてしまうことに留意してください。

図 7-9　保護タブ

◎セルの幅と高さの変更

セルの高さや幅を変更するには2つの方法があります。1つは幅を変更したい列番号の境界，または高さを変更したい行番号の境界にマウスを移動して，マウスカーソルの形状が図7-10のように変化したことを確認後，マウスの右ボタンを押したままドラッグさせます。または列・行を選択後，右クリックしてダイアログを表示させ，列・行の幅を選択後，数値を指定し変更することができます。

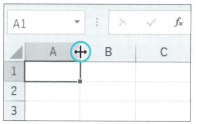

図7-10 マウスを利用したセル幅変更

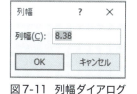

図7-11 列幅ダイアログ

確認問題 7-1

1. 新規ブックをExcelで開き，Sheet1に「面積」と名前をつけてください。

2. 次の図のように，セルにデータを入力し，セル幅を調整し，罫線を引いてください。

3. 長方形の面積について，縦と横の長さを入力すると，面積が表示されるようセルB5に式を入力してください。

4. 三角形の面積について，底辺の長さと高さを入力すると，面積が表示されるようセルB9に式を入力してください。

5. 台形の面積について，上辺・下辺の長さと高さを入力すると，面積が表示されるようセルB13に式を入力してください。

6. ブックに「図形の面積.xlsx」と名前をつけて保存してください。

	A	B	C	D	E
1	Excel実習				
2					
3	長方形の面積				
4		面積（平方センチメートル）	縦の長さ（cm）	横の長さ（cm）	
5					
6					
7	三角形の面積				
8		面積（平方センチメートル）	底辺の長さ（cm）	高さ（cm）	
9					
10					
11	台形の面積				
12		面積（平方センチメートル）	上辺の長さ（cm）	下辺の長さ（cm）	高さ（cm）
13					
14					

7章 情報の分析

7-3 関数の利用

Excelでは関数を利用することができます。関数には，数学で利用するものや，財務やデータベースに関するものなど様々な関数があります。関数を入力する際には最初に半角イコールを入力し，関数，そして括弧内に引数を入力します。すべての関数について説明することは紙幅の都合により不可能ですので，興味がある方はヘルプ画面から関数を検索してください。

7-3-1 関数の使い方

◎関数の入力方法

関数の入力方法には，［数式］タブの［関数ライブラリ］グループに表示されているコマンドを利用する方法，［関数の挿入］ボタンを利用する方法，さらにキーボードから直接入力する方法の3つがあります。

◎関数ライブラリ

最初に関数を入力するセルをクリックします。次に［数式］タブをクリックすると，関数の種類ごとの［関数ライブラリ］グループが表示されます。入力したい関数の種類を選択し，表示された中から目的の関数をクリックすると引数のダイアログボックスが表示されますので，引数を確認して修正，または［OK］をクリックします。

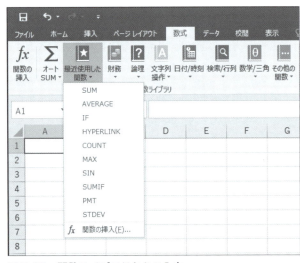

図7-12　関数ライブラリからの入力

◎［関数の挿入］ボタン

数式バーのすぐ左隣に［関数の挿入］ボタンがあります。関数を入力するセルを選択後，このボタンをクリックすると，［関数の挿入］ダイアログボックスが表示されますので，［関数の分類］から［関数の分類］ボタンまたは［最近使った関数］ボタンを選択後，目的の関数を選択し，［OK］をクリックします。引数が必要な場合は［関数の引数］ダイアログボックスが表示されますので，引数を確認して修正，または［OK］をクリックして関数の入力を完了させます。

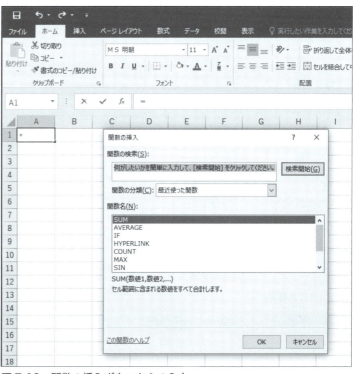

図 7-13　関数の挿入ボタンからの入力

◎ **キーボードからの直接入力**

　キーボードから直接関数を入力する場合は，関数を入力するセルを選択後，数式バーに関数を入力します。最初に半角の "=" (イコール) を入力して，続けて，数字やセル位置または関数を入力します。引数が必要な場合は関数名の後ろに括弧をつけ，その中にセル範囲などを入力してください。

7-3-2　主な関数

・SQRT関数

　平方根の値を求めます。

　　入力書式 ……　=SQRT（値またはセルの位置）

・PI関数

　円周率を返します。

　　入力書式 ……　=PI()

・SUM関数

　引数の範囲の合計値を計算します。3つ以上のセルの合計が必要な場合に利用すると便利です。

　　入力書式 ……　=SUM（範囲）

7章 情報の分析

- AVERAGE関数

    引数の範囲の平均値を計算します

    　　入力書式 …… =AVERAGE(範囲)

- MAX関数

    引数の範囲で最も大きな数値を求めます。

    　　入力書式 …… =MAX(範囲)

- MIN関数

    引数の範囲で最も小さな数値を求めます。

    　　入力書式 …… =MIN(範囲)

- COUNT関数

    引数の範囲でデータの個数を求めます。

    　　入力書式 …… =COUNT(範囲)

- COUNTA関数

    引数の範囲でデータがあるセルの個数を求めます。

    　　入力書式 …… =COUNTA(範囲)

- COUNTBLANK関数

    引数の範囲でデータのないセルの個数を求めます。

    　　入力書式 …… =COUNTBLANK(範囲)

- COUNTIF関数

    引数の範囲で条件を満たすデータの個数を求めます。

    　　入力書式 …… =COUNTIF(範囲,条件)

- IF関数

    値または数式が条件を満たしているかを比較記号によって確認し、その結果によって処理を行います。

    　　入力書式 …… =IF(論理式,真の場合,偽の場合)

表 7-2　比較記号

比較記号	意味
=	等しい
>	大きい
>=	以上
<	小さい
<=	以下
<>	等しくない

確認問題 7-2

1. Excel のブック「図形の面積 .xlsx」を開いてください。
2. 次の図のように，セルにデータを追加入力し，罫線を引いてください。
3. 円の面積について，半径を入力すると面積が表示されるよう，セル B17 に式を入力してください。なお，べき乗は「^」記号，円周率 π は「Pi()」関数を用いてください。
4. 球の体積について，半径を入力すると体積が表示されるよう，セル B21 に式を入力してください。
5. セル C17 と C21 にそれぞれ「10」を入力し，面積と体積が表示されることを確認してください。
6. セル B17 と B21 の表示桁数を小数点第 1 位までに変更してください。
7. ブックを上書き保存してください。

	A	B	C	D
15	円の面積			
16		面積（平方センチメートル）	半径（cm）	
17				
18				
19	球の体積			
20		体積（立方センチメートル）	半径（cm）	
21				
22				

確認問題 7-3

1. 新規ブックを Excel で開いてください。
2. 次の図のようにセルにデータを入力し，セル幅と配置を整え，罫線を引いてください。
3. セル F4 から F8 に関数を入力し，解答を求めてください。
4. ブックに「2016 東京月平均気温 .xlsx」と名前をつけて保存してください。

	A	B	C	D	E	F	G
1	2016年東京月平均気温						
2							
3		月	平均気温(℃)				
4		1	6.1		最高平均気温		
5		2	7.2		最低平均気温		
6		3	10.1		12ヶ月平均気温		
7		4	15.4		データ数		
8		5	20.2		平均気温25℃以上の月数		
9		6	22.4				
10		7	25.4				
11		8	27.1				
12		9	24.4				
13		10	18.7				
14		11	11.4				
15		12	8.9				
16							

7章 情報の分析

7-4 グラフの作成

Excelではワークシートのデータを用いてグラフを作成することができます。ここでは基本的なグラフ作成について学習します。

7-4-1 グラフの種類

グラフには様々な種類がありますが，ここでは3つの種類について説明します。

◎**折れ線グラフ**

2つの変数XとYの関係を示す場合に用います。

◎**棒グラフ**

折れ線グラフと同様に2つの変数で作成しますが，ある1つのデータ変化を示す場合にも用いられます。

◎**円グラフ**

ある1つのデータ割合を示す場合に用いられます。

7-4-2 グラフの作成

グラフの作成で最も簡単な方法はデータを選択し，Excelメニューから［挿入］タブ，［グラフ］を選択する方法です。

1. グラフを作成したいデータ範囲を選択します。
2. 挿入タブから［おすすめグラフ］をクリックします。
3. ［グラフの挿入］ダイアログボックスが表示されますので，［すべてのグラフ］からデータに応じたグラフを選択してください。

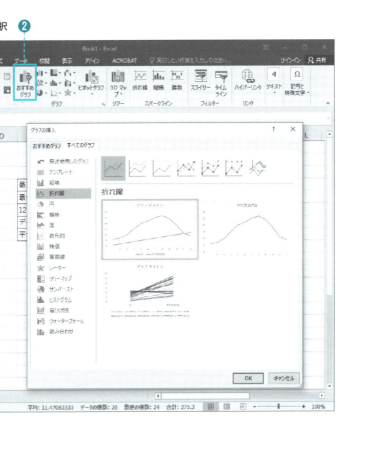

図 7-14 グラフの作成

7-4-3 グラフ要素の追加と変更

グラフにはタイトルや軸名称など必要な要素があります。これらの要素を追加するには，[グラフツール] タブから，[グラフ要素追加] ボタンをクリックします。また折れ線や棒線をクリックすると色などの表示形式を変更することができます。今回は以下のグラフ要素の追加と変更を行ってください。

◎グラフ要素の追加

Excel でグラフを作成すると，グラフタイトルと目盛りが表示されます。グラフには原則これら以外に，縦軸と横軸にラベルと凡例を追加しましょう。

これらの要素を追加するにはグラフの右横にある [グラフ要素の追加] ボタンをクリックします。軸ラベルと凡例のチェックボックスにチェックを入れるとグラフ内にこれらが表示されます。または，メニューからグラフツール・デザインのリボン内にある [グラフ要素を追加] ボタンをクリックします。

チェック後，新たに表示された部分をクリックすると内容を修正することができます。さらにその部分をダブルクリックすると書式設定が右端に表示されますので，ここからフォントの種類・大きさ・色などを変更することができます。

7章 情報の分析

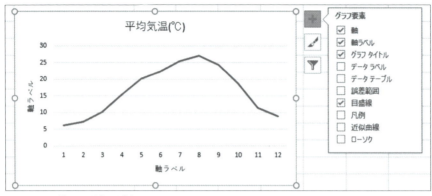

図 7-15　グラフ要素の追加

◎グラフ要素の変更

　一度作成したグラフの変更は，変更したい箇所をダブルクリック後，表示される書式設定から変更します。

　縦軸の目盛範囲の調整は自動的に行われますが，最小値や最大値を指定したときは，「軸のオプション」から境界値を指定することで行います。

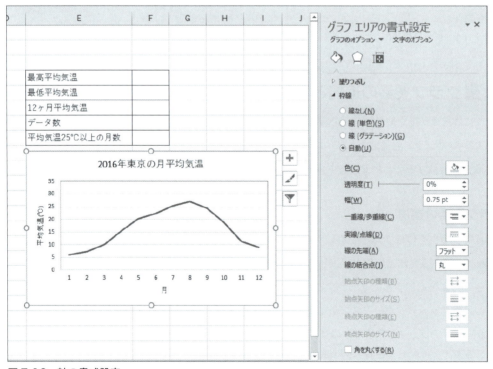

図 7-16　軸の書式設定

グラフの色や線幅の変更は「系列のオプション」の線やマーカーから指定します。グラフの種類そのものを変更する，例えば，折れ線グラフから棒グラフに変更する場合は，グラフツールのデザインから［グラフの種類の変更］をクリックし，希望するグラフ種類を選択してください。

その他にもプロットエリアの枠線などの変更も可能です。項目をダブルクリックする以外にグラフツールの書式を選択後，左端の「現在の選択範囲から書式変更したい項目」を選ぶことによっても変更することが可能です。

確認問題 7-4

1. Excelのブック「2016 東京月平均気温.xlsx」を開いてください。
2. 横軸に「月」，縦軸に「平均気温」の折れ線グラフを作成してください。
3. グラフタイトルを「2016年東京の月平均気温」としてください。
4. 横軸ラベルを「月」に，縦軸ラベルを「平均気温（℃）」としてください。
5. 縦軸表示範囲を 0℃～ 35℃としてください。
6. プロットエリアに枠線を追加してください。
7. 折れ線の色を［赤］，幅を［2.5pt］に変更してください。
8. 凡例を非表示にしてください。
9. ブックを上書き保存してください。

課題

インターネット上のデータを利用して 2016 年 8 月の東京の気象を分析してみましょう。

《データの検索》

1. 検索エンジンを用いて「国土交通省気象庁」を検索してください。
2. ホームページから「各種データ・資料」タブをクリックし，「過去の気象データ検索」をクリックしてください。
3. 地点の選択は都道府県から「東京都」を選び，地点は「東京」を選択してください。
4. 年月日は 2016 年の 8 月を選択します。
5. 「2016 年 8 月の日ごとの値を表示」をクリックしてデータを表示させてください。

7章 情報の分析

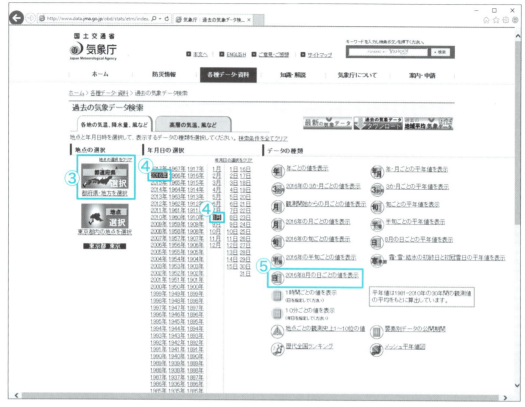

図 7-17 過去の気象データ検索

《ブックの作成と保護》

6. Excel を起動して新規ブックを作成してください。

7. Sheet1 を「201608 データ」，Sheet2 を追加し「解析」と名称変更してください。

8. Web ブラウザで検索した気象データを選択してコピーしてください。

9. Excel のシート「201608 データ」にデータを貼り付けてください（このとき，貼り付け先の書式に合わせる方法を選択）。

10. 必要に応じてセル幅などを調整し，ファイルに「201608 東京気象データ」と名前をつけて保存してください。

11. データを保護するためシートにファイル読み取り（ファイル読み込み時保護）のパスワードを設定して保護してください。このときのパスワードは「2016」とします。

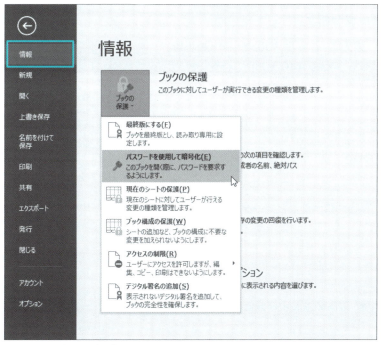

図 7-18 ブックの保護

図 7-19 201608 データシート

《関数を用いたデータ分析》

12. セル A37 に「最大値」，セル A38 セルに「最小値」，セル A39 に「平均」，セル A40 セルに「合計」と入力してください。

	A	B	C
35	31	997.5	1000.2
36			
37	最大値		
38	最小値		
39	平均		
40	合計		
41			

図 7-20　データ分析

13. 関数を使って気温や降水量などデータで必要な最大値，最小値，平均値，合計値を求めてください。

《グラフの作成》

14. 日にち，降水量，最高気温および最低気温を選択して，挿入メニューから［折れ線グラフ］を作成してください。
15. グラフを新しいワークシートに移動し，「201608 グラフ」としてください。
16. 系列 1 は不要なので削除します。［グラフツール］の［デザイン］から［データの選択］をクリックし，凡例項目の「系列 1」を削除してください。
17. 凡例に名前をつけます。［グラフツール］の［デザイン］から［データの選択］をクリックし，系列を選択して［編集］をクリックしてください。系列名に「降水量」「最高気温」「最低気温」をそれぞれ入力し，［OK］をクリックしてください。
18. ［グラフツール］の［デザイン］から［グラフの種類の変更］をクリックし，［すべてのグラフ］から［組み合わせ］をクリックしてください。
19. グラフの種類は「降水量」を「集合縦棒」，「最高気温」と「最低気温」を「折れ線」に設定し，「降水量」に第 2 軸のチェックボックスをチェックしてください。
20. 表題に「2016 年 8 月 東京気象データ」と入力し，横軸に「日」，左縦軸に「気温（℃）」，右縦軸に「降水量（mm）」とラベルをつけてください。
21. グラフの表示範囲が気温 10 ～ 40℃，降水量 0 ～ 120mm となるよう，軸の最大値と最小値を設定してください。
22. 棒グラフの間隔を最小としてください。
23. 縦棒と折れ線の色を任意で変更してください。

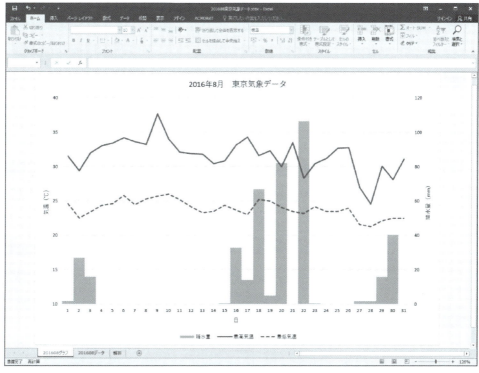

図 7-21　201608 グラフシート

《データ解析》

24. シート「解析」に移動してください。

25. セル A2 に「熱帯夜の日数」，セル B2 に「最低気温が 25 度以上」，セル A3 に「夏日の日数」，セル B3 に「最高気温が 25 度以上」，セル A4 に「真夏日の日数」，セル B4 に「最高気温が 30 度以上」，セル A5 に「猛暑日の日数」，セル B5 に「最高気温が 35 度以上」と入力してください。

26. 表が見やすいように罫線やセル幅などを調整してください。

27. セル C2 に関数を入力し，選択範囲に 25 以上の数値がいくつあるか求めてください。

28. 他のセルにも適切な式を入力してください。

29. これらのグラフやデータの比較からわかることをシート「解析」に記入してください。

	A	B	C	D
1				
2	熱帯夜の日数	最低気温が25度以上		
3	夏日の日数	最高気温が25度以上		
4	真夏日の日数	最高気温が30度以上		
5	猛暑日の日数	最高気温が35度以上		
6				
7				

図 7-22　データ解析

7章 情報の分析

確認問題 7-1　解答

3. B5「=C5*D5」　4. B9「=C9*D9/2」　5. B13「=(C13+D13)*E13/2」

確認問題 7-2　解答

3. 円の面積は「πr^2」で求められるので「=PI()*C17^2」
4. 球の体積は「$\dfrac{4}{3}\pi r^3$」で求められるので「=4/3*PI()*C21^3」

確認問題 7-3　解答

3. F4「=MAX(C4:C15)」，F5「=MIN(C4:C15)」，F6「=AVERAGE(C4:C15)」，F7「=COUNT(C4:C15)」，F8「=COUNTIF(C4:C15,">=25")」

確認問題 7-4　解答

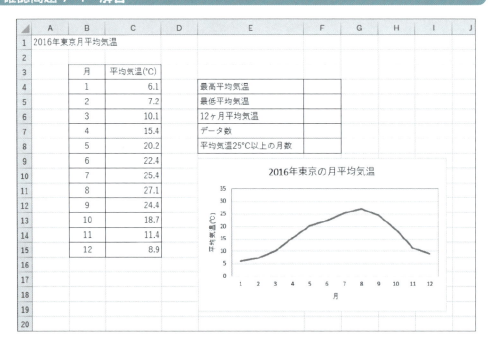

8章
情報の提示と発信

この章ではコンピュータを利用した情報の提示と発信,すなわちプレゼンテーションのためのソフトウェアであるPowerPointについて学びます。

8章 情報の提示と発信

8-1 プレゼンテーションの基礎

この節ではまずプレゼンテーションとは何かについて確認しておきましょう。

8-1-1 プレゼンテーションとは何か

プレゼンテーションとは「プレゼン」と省略して呼ばれることもありますが、プレゼンする人（プレゼンター）とそのプレゼンを聞き、見る人（聴衆）がいる状況で行われる、双方向のコミュニケーションといえます。またプレゼンターはある目的をもってプレゼンを行いますが、その結果として聴衆の理解と納得を得ることができ、プレゼンターの目的が達成できてこそ成功ということができます。そしてプレゼンにおいては時間も重要な要素となります。ほとんどの場合において、プレゼンは決められた時間内に行われることが前提となりますので、時間配分に対する工夫や配慮が必要となります。

◎プレゼンテーションにおける5つのポイント

さてスーザン・ワインチェンク（Susan Weinschenk）氏*は、効果的にプレゼンを行うためにはプレゼンターは特に以下の5つの点について留意すべきと述べています。

1. 長時間の発表の際には、20分をめどに分割する。
2. 聴覚と視覚は互いに干渉するおそれがあるため、資料に記載する文章は最小限とする。
3. プレゼンターのボディランゲージや語調が聴衆に与える影響は大きい。
4. 聴衆に行動してほしければ、行動することをはっきりと訴えなければならない。
5. 聴衆はプレゼンターの感情に感化される。

これらの点について考慮しつつ、PowerPointによる資料作成について学びましょう。

8-1-2 PowerPointの主な機能

PowerPointを使うと、主に以下のようなことができます。

- **スライド形式の資料作成**

    各スライドにはテキスト以外にもグラフィックやグラフなどのオブジェクトを挿入することができます。またスライドの切り替えに効果をつけたり、アニメーションを設定したりすることができます。

- **発表原稿や配布資料の作成**

    発表用の原稿や聴衆のための配布資料などを作成・印刷することができます。

---

* 5 Things Every Presenter Needs To Know About People By Susan Weinschenk.
https://youtu.be/WJUblvGfW6w

100 Things Every Presenter Needs to Know About People By Susan Weinschenk, New Riders Press (2012/5/4).

・**資料の提示**
　作成した資料をスライドショー形式でモニター画面に提示できるだけでなく，液晶プロジェクターなどを利用して大きなスクリーンに投影することもできます。

PowerPoint は他にも幅広く用いることのできる機能をもっていますが，すべてを網羅することは紙幅の都合により不可能ですので，本書では最も基本的な機能について学習します。

8-1-3　PowerPoint の基本画面

PowerPoint の基本画面を確認してみましょう。新規作成すると編集のための標準モード画面が表示されます。基本的な画面構成については他の Office 製品と共通のため詳細については割愛しますが，PowerPoint 固有の画面として以下のようになっています。

❶**スライド**：編集中のスライドが表示されます。
❷**ノート**：メモ書きや発表の際の原稿を記入することができます。
❸**スライド一覧**：作成したスライドの一覧表示ができます。

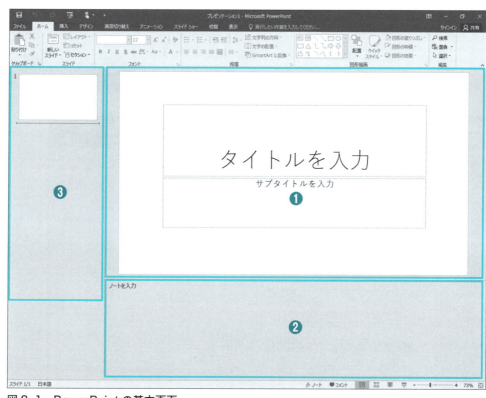

図 8-1　PowerPoint の基本画面

通常表示される「標準」だけでなくモードを切り替えることで快適に編集作業ができるようになっています。表示モードには以下のものがあり，[表示] タブで選択します。

8章 情報の提示と発信

❶ **標準**：通常使用する画面です。
❷ **アウトライン表示**：スライド内のテキストのみを表示します。
❸ **スライド一覧**：作成したスライドを縮小して表示します。
❹ **ノート**：スライドごとの補足情報などをノートとして記載，表示します。
❺ **閲覧表示**：全画面でのスライドショーに切り替えずに，アニメーションや画面の切り替えを確認します。

図8-2　表示モード

8-2 スライドの作成

8-2-1 スライドの追加と編集

◎**スライドの追加**

新規にプレゼンテーションファイルを作成すると，タイトル用レイアウトのスライドが表示されます。新しいスライドを追加するには，［ホーム］タブにある［新しいスライド］アイコンをクリックするか，［新しいスライド］ボタンをクリックして適切なレイアウトを選択して追加します。

スライド追加　Short Cut　Ctrl + M

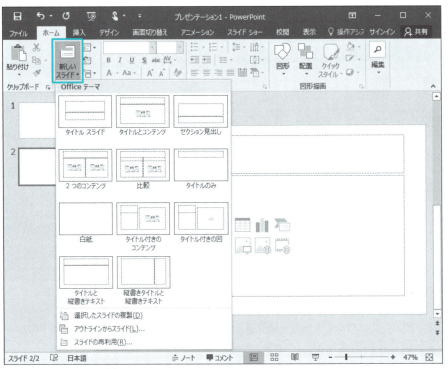

図8-3　スライドの追加

◎スライドのレイアウト

レイアウトの設定については、前述のように新規スライド作成の際に設定するだけでなく、既存スライドのレイアウトを変更することができます。[ホーム] タブにある [レイアウト] ボタンをクリックしてプルダウンメニューを表示させ、適切なレイアウトをクリックして選択します。

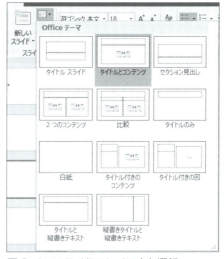

図 8-4　スライドのレイアウト選択

◎スライドの削除と複製

既存のスライドを削除するには、スライドを選択し、Delete キーあるいは Back space キーをクリックします。あるいは右クリックして [スライドの削除] をクリックします。

図 8-5　削除

また、既存のスライドを複製するには、[ホーム] タブにある [新しいスライド] ボタンを押して [選択したスライドの複製] をクリックします。あるいは右クリックして [スライドの複製] をクリックします。

図 8-6　スライドの複製

図 8-7　複製

8章 情報の提示と発信

◎スライドの移動

スライドの移動（順番の変更）をするには，表示モードを「スライド一覧」に変更して，移動したいスライドをマウスでドラッグし，目的の場所でドロップします。あるいは右クリックして［切り取り］と［貼り付け］を行います。

8-2-2 テキストの入力と編集

スライドにテキストを入力するには，まずスライド領域で「タイトルを入力」あるいは「テキストを入力」と表示された枠内でマウスをクリックして文字入力することができます。

◎箇条書きと段落番号

スライドの「テキストを入力」と表示された枠内に入力したテキストは基本的に［箇条書き］形式で表記が行われ，行頭に箇条書きの記号が表示されます。またテキストで表現する項目の数を強調したい場合には，［段落番号］を有効にすることで，箇条書き記号に代わって数字が自動で表示されるようになります。

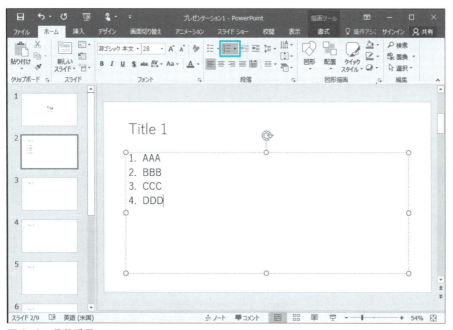

図 8-8 段落番号

◎文字書式と段落書式の設定

入力した文字やテキストについては，フォントの種類や大きさ，色，スタイルなど，様々な文字書式を設定することができます。また箇条書き単位で段落書式を設定することができます。設定については，Word と同様の方法でできますので，詳細については割愛します。

◎段落のレベル

各段落はインデントを設定することで,複数の段落をグループ化し階層構造を作ることができます。項目を選択し[段落]グループの[インデント]および[インデント解除]をクリックして適用します。このインデントによる階層構造をレベルあるいはアウトラインレベルと呼び,論文などの「章・節・項」などのようにレベルを下げるごとに,より詳細な内容に関する項目設定を行うことが重要になります。

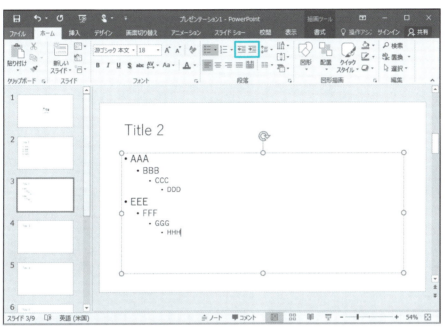

図8-9　段落のレベル設定

8-2-3 デザインの設定

スライドにはコンテンツによって,スライドの背景やテキストのスタイル,フォントなどの設定を個別に変更できる機能が備わっています。また,レイアウトやデザインについて統一したイメージを簡単に適用できるよう,PowerPointにはあらかじめいくつかのテーマが用意されています。

スライドのデザインは,[デザイン]タブにまとめられています。

図8-10　デザイン

8章 情報の提示と発信

◎テーマ

スライドの背景とそれに適した文字書式などのセットが「テーマ」として何種類か用意されています。これらを使用すると、簡単に見栄えのするスライドを作成することができます。

例えば、同じ「ICT教育の推進事業」というタイトルスライドを作成した例を次に示します。デザインがない初期のスライド（左上）に比べて、他のスライドは見栄えがします。スライドテーマの選択は、作成者のセンスに委ねられる部分が大きいですが、スライドの使用場面をイメージしながら適するデザインを選択することが求められます。

図8-11　スライドテーマの例

◎バリエーション

スライドのデザインである「テーマ」が決まったら、「バリエーション」も確認してみましょう。「バリエーション」では、テーマごとに色違いや柄違いを選択することができます。

同じデザインのスライドでも、背景や文字の色が違うだけで印象が大きく変わります。全体的なデザインは「テーマ」で選択し、色や柄は「バリエーション」で確認するとよいでしょう。

図8-12　スライドバリエーションの例

◎スライドのサイズ

　［デザイン］タブでは，スライドのサイズを設定することができます。何も設定をしていない初期設定の状態では，「ワイド画面（16：9）」に設定されています。これは最近のディスプレイが横に広いワイド画面が多いことに対応しているからです。プレゼンテーションにおいては，どちらのサイズがよいという決まりはありません。事前にわかれば，発表会場のモニターやスクリーンのサイズが判断材料になるでしょう。配布資料としてスライドを印刷する場合は，用紙のサイズと用紙1枚当たりに掲載するスライドの枚数によります。ちなみに，A4サイズにスライド6枚で印刷したい場合には，スライドサイズを［標準（4：3）］にした方が，スライドを大きく載せることができるのでお勧めです（配布資料については8-5-3項「発表資料の作成と印刷」を参照してください）。

　スライドサイズを変更するには，［デザイン］タブから［スライドのサイズ］をクリックし，［標準（4：3）］，［ワイド（16：9）］または［ユーザー設定のスライドサイズ］で任意のサイズを設定します。

図8-13　スライドサイズ

8章 情報の提示と発信

8-2-4 ヘッダーとフッター

　PowerPoint でも Word などと同じようにスライドや配布資料にヘッダーとフッターを挿入できます。［挿入］タブから［ヘッダーとフッター］をクリックすると［スライド］および［ノートと配布資料］それぞれについて設定をすることができます。特に［スライド番号］については，実際のプレゼンを行う際に有益となりますので，［すべてに適用］するようにしましょう。詳細については後述します。

図 8-14　ヘッダーとフッターの設定

確認問題 8-1

1. PowerPoint を起動し，［新しいプレゼンテーション］を作成してください。

2. ［デザイン］からスライドサイズを［標準（4：3）］に設定し，任意の［テーマ］と［バリエーション］を適用してください。

3. 1枚目の［タイトルスライド］のタイトル欄に「東京の魅力再発見」，サブタイトル欄に「首都圏トラベル株式会社」，「営業担当：」担当者欄に自分の氏名を入力し，テキストがスライド内に収まるようサイズや配置を調整してください。

4. 2枚目に［新しいスライド］から［タイトルとコンテンツ］を追加し，タイトルに「東京の概要」と入力してください。

5. 2枚目のスライドのテキスト欄に次の文字を，段落レベルを調整した箇条書きで入力し，［行頭文字］を「◆」と「・」に設定してください。

　　　◆ 機能
　　　　・日本の首都

- ◆ 人口
  - １３００万人
- ◆ 面積
  - ２１８７km²
  - 日本で3番目の小ささ
- ◆ 行政区域
  - 特別区２３区
  - ２６市５町８村

6. 3枚目に［新しいスライド］から［タイトルとコンテンツ］を追加し，タイトルに「東京の歴史」と入力してください。

7. 4枚目に［新しいスライド］から［比較］を追加し，タイトルに「東京の自然」と入力してください。

8. 4枚目のスライドに次の文章をわかりやすく箇条書きにして記してください。

    東京の西北部は多くの山や湖，渓谷からなり，ハイキングやキャンプ，紅葉見物や鍾乳洞見学などができます。高尾山は都心から１時間という立地にありながら，ミシュランで三ツ星を獲得した観光地です。
    東京の南の太平洋上には伊豆諸島と小笠原諸島があります。伊豆諸島は東京から約100〜350km離れており，釣りやマリンスポーツが楽しめます。小笠原諸島は約1000km離れており，島のほぼ全域が国立公園に指定され，世界自然遺産に登録されています。

9. 5枚目に［新しいスライド］から［タイトルとコンテンツ］を追加し，タイトルに「東京のグルメ」と入力してください。

10. 6枚目に［新しいスライド］から［タイトルとコンテンツ］を追加し，タイトルに「東京の祭り」と入力してください。

11. スライドの［ヘッダーとフッター］設定で，［スライド番号］と［タイトルスライドに表示しない］にチェックを入れ，［フッター］に「首都圏トラベル株式会社」と入力し，［すべてに適用］してください。

12. スライドの2枚目がスライド番号［1］となるよう，［デザイン］の［ユーザー設定のスライドサイズ］から［スライド開始番号］を［0］に設定してください。

13. ファイルに「東京の紹介プレゼン資料」と名前をつけて，拡張子［.pptx］形式で保存してください。

8章 情報の提示と発信

● 作成例

8-3 プレゼンテーションの図解化

　前節では主にテキストを扱う際の操作法やスライドのレイアウトとデザインなどについて学習しましたが，実際のプレゼンをより効果的に行うためにはさらに工夫が必要になります。

　例えば1分間という限られた時間に相手に伝えることのできる情報量は，言葉のみでは300〜500文字分程度であるのに対して，図解を使用することで1000〜2000文字分になるといわれています。またプレゼンにおいては，聴衆に対して限られた時間に効率的にこちらの意図した内容を伝えなければならないだけでなく，理解と納得を得て，プレゼンターの目的が達成されなければならな

いのです。そのためには，言葉だけでなく図解を活用することは，聴衆に対する効果と効率が高いことをふまえると，プレゼン成功のための必須条件といえます。

ここでプレゼンテーション資料を作成する際の注意事項をまとめてみましょう。

> ①スライド内のテキストは要点を整理し，箇条書きにする。
> ②項目数を明記する。
> ③項目の関係性を図解で示す。

①プレゼンテーション資料作成の大原則です。スライドを新規作成した際にテキストを入力すると自動で「箇条書き」になることに着目しましょう。文章化してスライドを文字で埋め尽くしてしまうと，聴衆は「読む」ことに集中力を要し，プレゼンターが語る言葉を聞き取ることが阻害されてしまいます。

②スライド内の記述を箇条書きにするだけでなく，「段落番号」の機能を活用して項目数を明確に伝えることが重要です。漫然と思いつくまま記載したり語ったりするのではなく，重要な項目がいくつあるのかを明記しましょう。

③項目の関係性を図解化することで理解度を高める必要があります。提示する項目間の関係性については，SmartArt の活用方法もふまえて後述します。

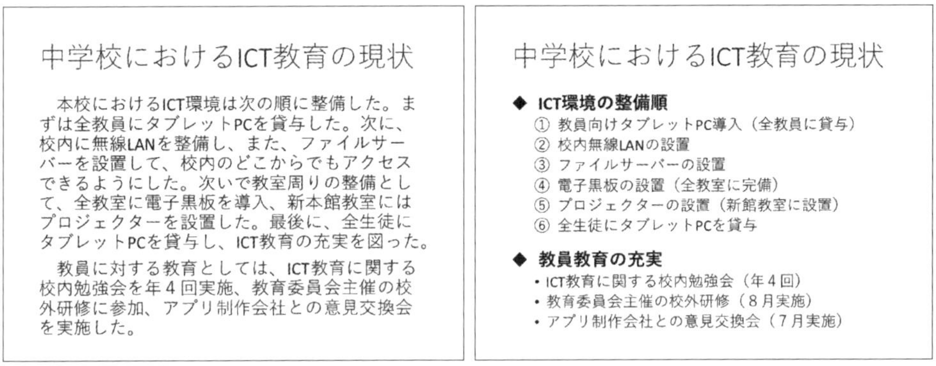

図 8-15　スライドテキストの悪い例（左）と良い例（右）

8-3-1　表，画像，図形の活用

表や画像，図形などを活用することによって，概念や考え方をわかりやすく説明することができます。

これらの要素は，［挿入］から［表］，［画像］，［オンライン画像］，［図形］などを選択することによって，簡単に挿入することができます。挿入の操作は Word と共通ですので，詳細は 6-3 節「オブジェクトの挿入」を参照してください。

8章 情報の提示と発信

8-3-2 画像の編集

挿入した画像をアクティブにすると，［図ツール］の［書式］を開くことができます。この中には，画像を編集するボタンが集められており，簡単に画像の色彩を変更したり，効果を適用したりすることができます。

図 8-16　図ツールの書式メニュー

◎画像の調整

・修正：画像をシャープにしたり，明るさやコントラストを変更したりします。

・色：色彩の彩度，トーン，色を変更したり，透明色を指定したりすることができます。

・アート効果の適用：画像にテクスチャの加工を施すことができます。

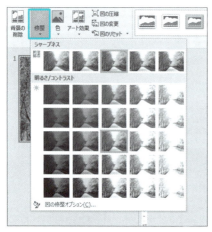

図 8-17　画像の修正

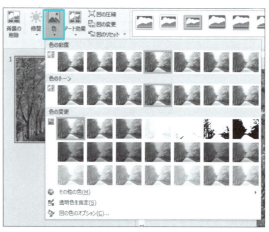

図 8-18　画像の色調整

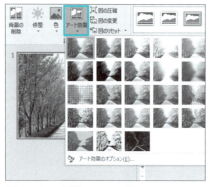

図 8-19　画像のアート効果

8-3 プレゼンテーションの図解化

◎図のスタイル

［図のスタイル］では，簡単に画像にフレームをつけたり，影をつけたりすることができます。あらかじめ設定された28種のスタイルをクリックで適用できるほか，枠線や効果などを個別に設定することもできます。なお，効果には，影，反射，光彩，ぼかし，面取り，3-D回転があります。マウスのポインタをかざすと効果のプレビューをみることができますので，試してみましょう。

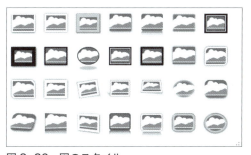

図8-20　図のスタイル

◎図の配置

図の［配置］では，図の重なり順や配置の揃え方を設定することができます。図形や画像は，挿入した順に上に重なるように配置されますので，必要に応じてオブジェクトを前面や背面に移動しましょう。

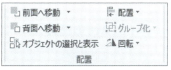

図8-21　図の配置

◎スマートガイド

図形や画像などのオブジェクトを移動させると，他のオブジェクトとの垂直，水平方向の間隔を知らせる線［スマートガイド］が表示されます。この［スマートガイド］を活用すれば，マウスの操作で簡単に複数のオブジェクトの位置や大きさを揃えることができるので便利です。

［スマートガイド］が表示されていない場合は，［表示］タブまたはスライドの余白を右クリックして［グリッドとガイド］を表示させ，［図形の整列時にスマートガイドを表示する］にチェックを入れます。

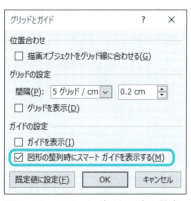

図8-22　スマートガイドの表示設定

◎図のサイズ

図の［サイズ］では，図や画像の大きさを数値で指定して変更することができるほか，不要な部分を削除する「トリミング」を行うことができます。

「トリミング」する場合は，対象となるオブジェクトを選択し，［図ツール］の［サイズ］グループにある［トリミング］をクリックします。オブジェクトの周りに太い黒枠が表示されますので，ドラッグして任意の形に設定してください。画面の余白部分でダブルクリックするか，もう一度［トリミング］ボタンをクリックすることで変更が確定します。

図8-23　図のサイズ

8章 情報の提示と発信

◎画像の著作権

　［オンライン画像］で検索して最初に表示される画像は，「クリエイティブコモンズ」によって使用許諾されていますので，そのままスライドに使用することができます。しかし，「すべての Web 検索結果」には使用許諾がないものも含まれるので注意が必要です。また，インターネット上で公開されているその他の画像や，市販されている出版物には，すべて著作権があります。特にインターネットで公開されている画像は簡単にコピー貼り付けができるため，スライドへの活用が手軽ですが，使用する際には必ず使用許諾を確認するようにしましょう。なお，使用する際には，「出典」としてサイト名や URL などを明記するとよいでしょう（著作権の詳細については，5-2-1 項「著作権」を参照してください）。

8-2-3　SmartArt の活用

PowerPoint では SmartArt を利用して効果的な図解化を行うことができます。

◎ SmartArt の種類

SmartArt を使用して表示できる内容はグラフィックの種類によって以下のように分類されます。

リスト：連続性のない情報を表示する
手順：プロセスまたはタイムラインに沿ったステップを表示する
循環：連続的なプロセスを表示する
階層構造：組織図を作成する
集合関係：関係を図解する
マトリックス：全体に対する各部分の関係を表示する
ピラミッド：比例関係を示す
図：図を目立つように使用してアクセントをつける

◎ SmartArt の挿入と変換

　SmartArt を使ってスライドにグラフィックを挿入するには，まず［挿入］タブにある［図］グループで［SmartArt］をクリックします。［SmartArt グラフィックの選択］ダイアログボックスが開きますので，上述のグラフィックの種類から適切なものを選択して［OK］ボタンをクリックします。

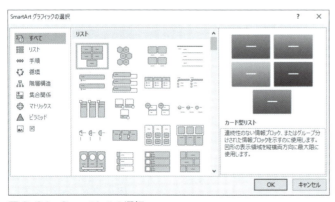

図 8-24　SmartArt の選択

スライド上にグラフィックが挿入され，各項目や要素としてテキストを入力することができます。

またスライド内に通常の手順で記載した内容を［ホーム］タブの［SmartArtに変換］をクリックして簡単に変換することができます。

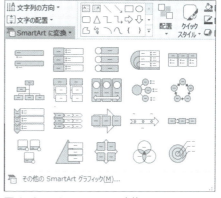

図8-25　SmartArtに変換

◎ **SmartArtの活用**

SmartArtを利用した図解化について，特に利用頻度の高い以下のグラフィックの種類について利用方法例を記します。

①リスト，②手順，③循環，④階層構造，⑤集合関係

［リスト］では，箇条書きとして列挙した項目の重要性を強調することができます。なお，1つのスライド内に多くの項目を列挙すると図解の大きさを小さくしなければなりませんので，重要な項目のみに限定することに留意してください。列挙すべき重要な項目数が多い場合には，複数のスライドを使用するか，量が多い場合に適した［台形リスト］を使用するとよいでしょう。

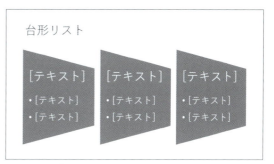

図8-26　台形リスト

［手順］では，通常方向性があり，タスク完了のための一連の手順やスケジュールなどのプロセスにおける段階を示すために使われます。

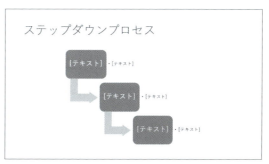

図8-27　手順

8章 情報の提示と発信

［循環］では，サイクル，繰り返しまたは進行中のプロセスなどを示すことができます。

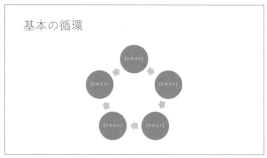
図8-28　循環

［階層構造］では，最も一般的なのは組織図です。他にも家系図や製品構成図にも使うことができます。

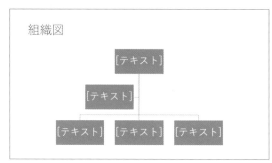
図8-29　階層構造

［集合関係］では，複数の項目間の概念的な関係やつながりを表します。

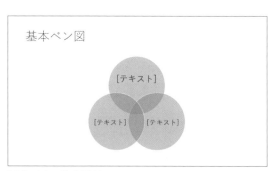
図8-30　集合関係

確認問題 8-2

1. 「東京の紹介プレゼン資料.pptx」を開いてください。

2. 1枚目の「東京の概要」スライドの空いたスペースに，［オンライン画像］から任意の画像を挿入し，任意の［図のスタイル］を適用し，配置を調整してください。

3. 2枚目の「東京の歴史」スライドに［SmartArt］の［手順］から［縦方向プロセス］を挿入し，テキストウィンドウに次の文字列を入力してください。

    武蔵国
    - 現在の東京，埼玉，神奈川の一部を含む広域
    - ただの東国（首都は京都）

江戸
- 1603年に徳川家康が江戸幕府を開府
- 実質的な国政の中心地（首都は京都）
- 上方に代わる文化の中心地

東京
- 1869年に首都「東京」の誕生
- 政治，経済，文化の中心地

4. ［SmartArt］のデザインについて，任意で色とスタイルを変更してください。

5. 4枚目の「東京のグルメ」スライドのテキスト入力欄から［表の挿入］を選択し，列数［2］，行数［7］の表を挿入し，［中央揃え］で次のような表を作成してください。

郷土料理	和菓子
寿司	人形焼
蕎麦	あんみつ
もんじゃ焼き	大福
深川飯	饅頭
ちゃんこ鍋	羊羹
鰻	雷おこし

6. 表の高さをスライドに合わせて拡大し，すべてのセルの配置を［上下中央］にしてください。スライドのスタイルは任意で変更してください。

7. 5枚目の「東京の祭り」スライドのタイトルを「東京の四季」に変更し，レイアウトを［タイトルのみ］に変更して，スライドの並び順を4枚目に移動してください。

8. 4枚目の「東京の四季」スライドに［ワードアート］で「春」「夏」「秋」「冬」の4つの文字を作成してください。スタイルや色，フォントなどのデザインは任意とします。

9. 4枚目のスライドに［オンライン画像］から東京の四季に関する画像を検索して挿入してください。（例えば，「東京」に加え，「桜」「花火」「紅葉」「イルミネーション」などのキーワードを入れると画像の絞り込み検索ができます。）

10. 挿入した4つの画像のサイズを拡大縮小，トリミングで調整し，すべて同じ大きさに揃え，画像とワードアートの文字を［スマートガイド］を活用して，それぞれ等間隔に横一列で配置してください。

11. 各スライドのオブジェクトの配置を調整したり，空いたスペースに［オンライン画像］や［図形］を挿入したりして，全体のバランスを調整してください。

12. ファイルを［上書き保存］してください。

8章 情報の提示と発信

● 作成例

8-4 アニメーションの設定

8-4-1 スライド画面の切り替え

　スライド画面の切り替えの際の動作として，アニメーション効果を設定することができます。これらによりダイナミックな印象を与えることができるようになります。

　スライド画面を切り替える際のアニメーション効果を設定するには，［画面切り替え］タブで適切

なものを選択して［すべてに適用］をクリックすれば，すべてのスライドに対して同じ効果を適用することもできます。

図 8-31　画面切り替えメニュー

8-4-2 オブジェクトのアニメーション

アニメーション効果を設定するには，オブジェクトを選択し，［アニメーション］タブで適切なものを選択します。

図 8-32　アニメーションメニュー

確認問題 8-3

1. 「東京の紹介プレゼン資料.pptx」を開いてください。

2. メニューの［画面切り替え］から任意の切り替え効果を選択し，［すべてに適用］してください。

3. 2 枚目の「東京の歴史」スライドの［SmartArt］に［アニメーション］の［ワイプ］を［クリック時に］［上から］表示されるように設定してください。

4. その他，必要と思われる箇所に［アニメーション］の設定をし，表示順などを調整してください。

5. ファイルを［上書き保存］してください。

8-5　スライドショーの設定と実行

スライドショー機能を使って，PC のモニター画面や外部の様々なディスプレイやプロジェクターにスライドを全画面表示で投映することができます。ここでは基本的な機能について確認します。

8章 情報の提示と発信

8-5-1 スライドショーの設定

スライドショーに関する設定は［スライドショー］→［設定］で行います。

［スライドショーの設定］ボタンをクリックして表示されるダイアログボックスでは，スライドショーの表示方法の種類や表示するスライドの選択や範囲の設定などができるようになっています。

図 8-33　スライドショーの設定

◎スライドショーのリハーサル

実際のプレゼンテーションの前に予行練習をするためのリハーサル機能があり，［スライドショー］タブの［リハーサル］をクリックすることで可能です。

［リハーサル］をクリックすると，スライドショーが実行されますが，画面左上に 2 つの時計が表示されます。左側の時計はスライドショーを始めてからの経過時間，右側は現在のスライドの表示経過時間となりますので，決められた時間の中で効率的かつ効果的にプレゼンを行うための時間配分の練習を行うことができます。リハーサルは終了時にスライドの切り替えやアニメーションのタイミングを保存するかどうかを選択できます。タイミングを保存すると，後に［自動プレゼンテーション］などで利用することができます。

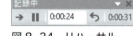

図 8-34　リハーサル

8-5-2 スライドショーの実行

実際にスライドショーを実行してみましょう。［スライドショー］タブの［最初から］をクリックすると，1 枚目のスライドから全画面表示でスライドショーが開始されます。

特定のスライドからスライドショーを開始するには，［現在のスライドから］ボタンをクリックします。

スライドショー実行時の操作には，マウスのクリックで次のスライドを表示させること以外にも以下の方法があります。

またスライドショー実行時には，画面左下に「ショートカットツールバー」が表示されるので，マウスで左右の矢印ボタンをクリックしてスライドを進めたり戻したりすることができます。

図8-35　スライドショー画面

スライドショーは，最後のスライドを提示し終わると，「スライドショーの最後です，クリックすると終了します。」と表示され，元の編集画面に戻ります。スライドショーの途中で終了したい場合は，Esc キーを押します。

◎**スライドショー実行時の様々な操作**

スライドショーを実行中に，提示中のスライドへの書き込みや強調表示のためのポインタを表示することができます。

さらに発表時間の関係で準備してきたスライドの提示順を変更したい場合には，スライド番号をキーボードで直接入力し Enter キーを押すことで対応できます。このためヘッダーとフッターの機能でスライド番号を設定しておくとよいでしょう。

この他，以下のようなショートカットが使用できますので活用してください。

8章 情報の提示と発信

◎**発表者ツールの活用**

　スライドショーを実行するPCに複数のモニターが接続されていると［発表者ツール］を使用することができます。［スライドショー］タブで［発表者ツールを使用する］を有効にして，スライドショーの提示画面をどのモニターにするかを選択します。その後スライドショーを実行すると，聴衆が参照するモニターには通常のスライドショーのようにスライドの全画面表示がされますが，プレゼンターが参照するPCのモニター上には現在提示しているスライドだけでなく，次に提示する内容や通常のスライドショーでは表示されないノートの領域が表示されますので，手元に資料を印刷して用意しておく必要がありません。これによって発表直前の資料変更や追加や削除を行った場合などにも有効に活用できます。

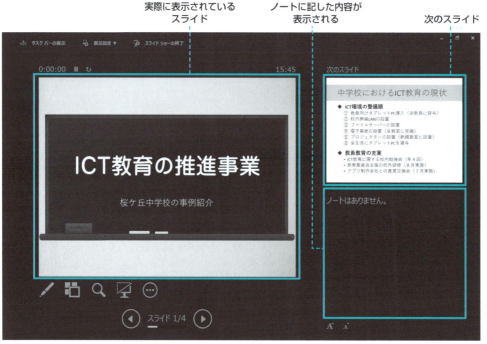

図8-36　発表者ツール画面

8-5-3 発表資料の作成と印刷

PowerPoint では，聴衆に向かって表示させるスライドだけでなく，発表の際に手元で確認するための発表原稿や聴衆への配布資料など様々な形式でスライドを印刷できます。

印刷する際に以下の形式を選択できます。

スライド：スライド1枚を1枚の用紙に印刷する
配布資料：用紙1枚当たり複数のスライドを印刷する
ノート：用紙1枚に1枚のスライドとそのノートを印刷する
アウトライン表示：スライド一覧のアウトラインを印刷する

◎印刷対象と印刷の設定

印刷する際に詳細を設定するには，[ファイル]から[印刷]を選択して[印刷]ダイアログボックスを表示させます。

図8-37　印刷設定

印刷対象については，標準ではスライドが印刷対象になっており，1枚の印刷用紙に1枚のスライドが印刷されます。ここで印刷対象に[配布資料]を選択すると，さらに「配布資料」の設定をすることができ，1枚の印刷用紙に最大9枚のスライドを同時に縮小表示した形式で印刷することができます。

8章 情報の提示と発信

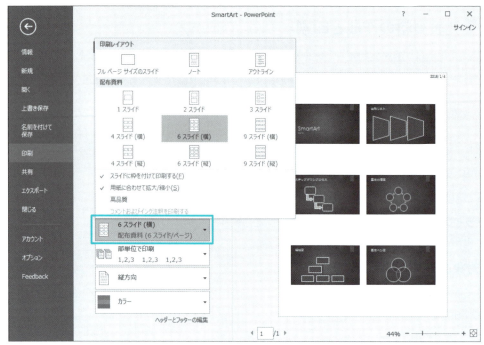

図8-38　配布資料の印刷

　ノート形式で印刷すれば，1枚の用紙に1枚のスライドとそのノートを印刷することができますので，スライドの詳細な内容や補足あるいは発表の原稿を記載しておけば，発表者用の資料として活用することができます。

　またアウトライン表示の形式を選択すれば，スライド一覧のアウトライン表示をそのまま印刷することができます。このときスライド内の画像などは印刷されませんので注意が必要です。

◎印刷プレビューと印刷

　印刷は，［印刷］ダイアログボックスの［OK］ボタンをクリックするか，プレビュー画面で印刷のイメージを確認後，そのまま［印刷］ボタンをクリックすれば印刷することができます。

確認問題 8-4

1. 「東京の紹介プレゼン資料.pptx」を開いてください。

2. メニューの［スライドショー］の［最初から］（または F5 キーから）スライドショーを実行し，スライドの確認をしてください。

3. メニューの［ファイル］から［印刷］を選択し，［6 スライド（横）］の配布資料の設定で［すべてのスライドを印刷］してください。

4. ファイルを［上書き保存］してください。

課題

これまで学習してきた内容をふまえて，効果的なプレゼンのための資料を作成してみましょう。
今回の課題では以下の条件のもとに資料を作成してください。

プレゼンテーションの使用シーン
- 発表者（あなた）：中学校の教諭
- 目的：中学校の授業で使用
- 対象：中学生（1クラス35名の教室）
- 時間：5分
- 教科：自由

作成条件
- スライド枚数：表紙1枚，中身5枚の計6枚
- 配布資料として，6スライドをA4用紙1枚に印刷して生徒に配布することを想定してください。
- 表紙スライドに科目名，単元，今回説明するキーワード，あなたの名前を入れてください。なお，中学校の学習内容に関する単元やキーワードはインターネットで検索できます。
- アニメーションは必要な場所に使用すること。
- 説明に関係する画像（オンライン画像や写真など）を使用すること。
- 説明は文章でなく，箇条書きなど適切な長さに収めること。
- 仕組みや関係を示す図をSmartArtや図形を用いて作成すること。

プレゼンテーションに大切な3つのP（Place, People, Purpose）を考えると，学校で，教え子の中学生に，教科の中身をわかりやすく伝えるために，どのような資料を作成したらよいでしょうか。

資料の作成ができたら，リハーサルを行い，決められた時間を守ってプレゼンの目的を達成できるように練習を行いましょう。

プレゼンの実施の際には，プレゼンの目的を明確に伝えて，時間配分に留意し，必要に応じて提示スライドの省略や再提示，書き込みなどを行いましょう。

プレゼンの実施後は，聴衆からの質問や意見を参考に，次によりよいプレゼンができるようにするとよいでしょう。

索引

数字・アルファベット

5大要素 4
AND検索 49
BCC 66
CC 66
DoS攻撃 80
Excel 122
HTML形式 60
IMAP 56
IPv4 9
IPv6 9
ISP (Internet Servise Provider) 56
Microsoftアカウント 19
OneDrive 19
OR検索 49
OS 3, 12
Outlook 54
POP 56
PowerPoint 146
SmartArt 105, 160
SMTP 57
SPAM 78
Webレイアウト表示 91
Windows Defender 30
Windows Update 30
Word 90
WWW 41
WWWサーバー 41

50音順

あ行

あいさつの頭語と結語 113
あいさつ文ウィザード 114
アウトライン 96
アウトライン表示 91

圧縮 69
宛先 66
アドウェア 80
アナログ 5
アニメーション 164
アプリケーションプログラム 3
網かけ 103
移動 18, 37
印刷 36
印刷レイアウト表示 91
インターネット 40
インデント 96
上書き保存 34
上書きモード 92
エクスプローラー 17
エンコード 46
演算子 126
演算・制御装置 5
置き換え 38
オートコレクト 112
オンライン画像 104

か行

階層構造 160
改ページ 98
箇条書き 95
画像 104, 158
仮想デスクトップ 14
かな入力 22
関数 131
関数ライブラリ 132
記憶装置 5
奇数・偶数ページ別指定 99
脚注 106
禁則処理 27

句読点と記号	27
グラフ	106, 136
グラフ作成機能	123
グラフ要素	137
繰り返し	38
クリック	16
罫線	103
検索	38
コピー	18, 37
ごみ箱	18
コンピュータウイルス	76
コンプライアンス	82

さ 行

サインイン	12
サーチエンジン	48
字下げインデント	96
下書き表示	91
集合関係	160
受信拒否リスト	62
受信メールサーバー	57
出力装置	5
循環	160
信頼できる差出人のリスト	63
図	160
図解化	156
透かし	115
図形	105
スタイル	107
スタート画面	13
スタートボタン	14
スパイウェア	80
図表番号	107
スマートガイド	159
スライド	147
スライド一覧	147
スライドショー	165
スライドの移動	150
スライドのサイズ	153
スライドの削除と複製	149
スライドの追加	148
スライドのレイアウト	149
セクション	98
絶対参照	127
セーフリスト	62
セル	125
送信メールサーバー	57
相対参照	127
ソフトウェア	3

た 行

ダイアログボックス	94
タイピング	22
タスクビュー	14
タッチタイプ	22
ダブルクリック	16
タブレットモード	13
段区切り	98
段落のレベル	151
段落番号	95
置換	38
知的所有権	83
中央揃え	95
著作権	83
通知領域	15
テキスト形式	60
デザイン	151
デジタル	5
手順	160
デスクトップ	13
データベース機能	123
テーマ	152
電子メール	54
電子メールアカウント	55
添付ファイル	68
テンプレート	111
ドメイン名	41
ドラッグ	16
ドラッグアンドドロップ	16

取り消し	38

な行

名前を付けて保存	33
なりすまし	77
日本語入力システム	24
入力オートフォーマット	112
入力装置	4
入力モード	25
ネットワーク犯罪	85
ノート	147

は行

ハイパーリンク	115
パスワード	81
発表者ツール	168
ハードウェア	3
バリエーション	152
比較記号	134
左揃え	95
表計算機能	123
表示モード	91
表の挿入	101
表のレイアウト	104
ピラミッド	160
ファイル	16
ファイルの削除	18
ファイルの保護	35
フィッシング	78
フォルダー	16
符号化	7
不正アクセス	86
フッター	98, 154
ブラウザ	42
プレゼンテーション	146
プログラミング言語	4
ページ設定	97
ページ番号	99
ヘッダー	98, 154
ヘルプ	36
ポイント	16
ボットネット	80
ホームポジション	23

ま行

マウス	15
マウスポインタ	16
マクロ機能	123
マトリックス	160
右揃え	95
ミニツールバー	94
無線 LAN	9
迷惑メール	78
迷惑メール対策	62
メディア	29
メールアプリ	54
メールの誤送信対策	65
メールの自動送受信	64
文字書式	93

や行

ユーザー ID	81

ら行

リスト	160
リハーサル	166
両端揃え	95
連絡先	54
ローマ字入力	22

わ行

ワークシート	122

memorandum

【著者紹介】

毒島　雄二（ぶすじま　ゆうじ）
小林　貴之（こばやし　たかゆき）
田中　絵里子（たなか　えりこ）

現在　日本大学文理学部　勤務

デジタル情報の活用と技術
Application and Technology of Digital Information

2017年 3月25日　初版 1 刷発行
2020年 2月25日　初版 7 刷発行

著　者　毒島 雄二・小林 貴之・田中 絵里子　©2017　　　　　　　　　　（検印廃止）

発行所　**共立出版株式会社**／南條光章

東京都文京区小日向4丁目6番19号
電話　03-3947-2511番（代表）
〒112-0006／振替口座 00110-2-57035番
URL　www.kyoritsu-pub.co.jp

一般社団法人 自然科学書協会 会員

NDC 007
ISBN 978-4-320-12418-9
Printed in Japan

印刷／製本：星野精版印刷株式会社　　　本文組版・装丁：IWAI Design・岡田 明子

[JCOPY] ＜出版者著作権管理機構委託出版物＞
本書の無断複製は著作権法上での例外を除き禁じられています．複製される場合は，そのつど事前に，
出版者著作権管理機構（ＴＥＬ：03-5244-5088，ＦＡＸ：03-5244-5089，e-mail：info@jcopy.or.jp）の
許諾を得てください．

編集委員：白鳥則郎（編集委員長）・水野忠則・高橋 修・岡田謙一

未来へつなぐデジタルシリーズ

全40巻 刊行予定！

21世紀のデジタル社会をより良く生きるための"知恵と知識とテーマ"を結集し、今後ますますデジタル化していく社会を支える人材育成に向けた「新・教科書シリーズ」。

❶ **インターネットビジネス概論 第2版**
片岡信弘・工藤 司他著‥‥‥‥208頁・本体2700円

❷ **情報セキュリティの基礎**
佐々木良一監修／手塚 悟編著 244頁・本体2800円

❸ **情報ネットワーク**
白鳥則郎監修／宇田隆哉他著‥‥208頁・本体2600円

❹ **品質・信頼性技術**
松本平八・松本雅俊他著‥‥‥‥216頁・本体2800円

❺ **オートマトン・言語理論入門**
大川 知・広瀬貞樹他著‥‥‥‥176頁・本体2400円

❻ **プロジェクトマネジメント**
江崎和博・高根宏士他著‥‥‥‥256頁・本体2800円

❼ **半導体LSI技術**
牧野博之・益子洋治他著‥‥‥‥302頁・本体2800円

❽ **ソフトコンピューティングの基礎と応用**
馬場則夫・田中雅博他著‥‥‥‥192頁・本体2600円

❾ **デジタル技術とマイクロプロセッサ**
小島正典・深瀬政秋他著‥‥‥‥230頁・本体2800円

❿ **アルゴリズムとデータ構造**
西尾章治郎監修／原 隆浩他著 160頁・本体2400円

⓫ **データマイニングと集合知** 基礎からWeb、ソーシャルメディアまで
石川 博・新美礼彦他著‥‥‥‥254頁・本体2800円

⓬ **メディアとICTの知的財産権 第2版**
菅野政孝・大谷卓史他著‥‥‥‥276頁・本体2900円

⓭ **ソフトウェア工学の基礎**
神長裕明・郷 健太郎他著‥‥‥202頁・本体2600円

⓮ **グラフ理論の基礎と応用**
舩曳信生・渡邉敏正他著‥‥‥‥168頁・本体2400円

⓯ **Java言語によるオブジェクト指向プログラミング**
吉田幸二・増田英孝他著‥‥‥‥232頁・本体2800円

⓰ **ネットワークソフトウェア**
角田良明編著／水野 修他著‥‥192頁・本体2600円

⓱ **コンピュータ概論**
白鳥則郎監修／山崎克之他著‥‥276頁・本体2400円

⓲ **シミュレーション**
白鳥則郎監修／佐藤文明他著‥‥260頁・本体2800円

⓳ **Webシステムの開発技術と活用方法**
速水治夫編著／服部 哲他著‥‥238頁・本体2800円

⓴ **組込みシステム**
水野忠則監修／中條直也他著‥‥252頁・本体2800円

㉑ **情報システムの開発法：基礎と実践**
村田嘉利編著／大場みち子他著‥200頁・本体2800円

㉒ **ソフトウェアシステム工学入門**
五月女健治・工藤 司他著‥‥‥180頁・本体2600円

㉓ **アイデア発想法と協同作業支援**
宗森 純・由井薗隆也他著‥‥‥216頁・本体2800円

㉔ **コンパイラ**
佐渡一広・寺島美昭他著‥‥‥‥174頁・本体2600円

㉕ **オペレーティングシステム**
菱田隆彰・寺西裕一他著‥‥‥‥208頁・本体2600円

㉖ **データベース ビッグデータ時代の基礎**
白鳥則郎監修／三石 大他編著‥280頁・本体2800円

㉗ **コンピュータネットワーク概論**
水野忠則監修／奥田隆史他著‥‥288頁・本体2800円

㉘ **画像処理**
白鳥則郎監修／大町真一郎他著‥224頁・本体2800円

㉙ **待ち行列理論の基礎と応用**
川島幸之助監修／塩田茂雄他著‥272頁・本体3000円

㉚ **C言語**
白鳥則郎監修／今野将編集幹事・著 192頁・本体2600円

㉛ **分散システム 第2版**
水野忠則監修／石田賢治他著‥‥272頁・本体2900円

㉜ **Web制作の技術 企画から実装、運営まで**
松本早野香編著／服部 哲他著‥208頁・本体2600円

㉝ **モバイルネットワーク**
水野忠則・内藤克浩監修‥‥‥‥276頁・本体3000円

㉞ **データベース応用 データモデリングから実装まで**
片岡信弘・宇田川佳久他著‥‥‥284頁・本体3200円

㉟ **アドバンストリテラシー** ドキュメント作成の考え方から実践まで
奥田隆史・山崎敦子他著‥‥‥‥248頁・本体2600円

㊱ **ネットワークセキュリティ**
高橋 修監修／関 良明他著‥‥272頁・本体2800円

㊲ **コンピュータビジョン 広がる要素技術と応用**
米谷 竜・斎藤英雄編著‥‥‥‥264頁・本体2600円

㊳ **情報マネジメント**
神沼靖子・大場みち子他著‥‥‥232頁・本体2800円

【各巻】B5判・並製本・税別本体価格　　**共立出版**　　（価格は変更される場合がございます）